示波器
使用与维修
从入门到精通

周 新 主编

解东艳 孙海洋 国 勇 副主编

化学工业出版社

·北京·

内 容 简 介

本书从实用角度出发，用彩色图解形式，全面介绍了各类型示波器的使用方法与各种检修技巧。书中以实际产品和各种信号的检测为例，介绍了汽车传感器、开关电源、工控电源、变频器等电子设备与产品，如何利用示波器检测、维修的方法。对示波器的实际使用技巧和信号测量方法，用彩色实物照片、电路图、框图、波形图、连接图等图示的方法讲解，直观易学。

本书配套视频生动讲解示波器的各项应用技巧，扫描书中二维码即可观看视频详细学习，如同老师亲临指导。

本书可供电工/电子技术人员、电子爱好者以及电气维修人员阅读，也可供相关专业的院校师生参考。

图书在版编目（CIP）数据

示波器使用与维修从入门到精通/周新主编．—北京：化学工业出版社，2020.6（2025.4重印）
ISBN 978-7-122-36514-9

Ⅰ.①示…　Ⅱ.①周…　Ⅲ.①示波器-使用②示波器-检修　Ⅳ.①TM935.307

中国版本图书馆CIP数据核字（2020）第055437号

责任编辑：刘丽宏　　　　　　　　　　　　　文字编辑：吴开亮
责任校对：王鹏飞　　　　　　　　　　　　　装帧设计：刘丽华

出版发行：化学工业出版社（北京市东城区青年湖南街13号　邮政编码100011）
印　　装：涿州市般润文化传播有限公司
710mm×1000mm　1/16　印张14　字数282千字　2025年4月北京第1版第5次印刷

购书咨询：010-64518888　　　　　　　　　　　售后服务：010-64518899
网　　址：http://www.cip.com.cn
凡购买本书，如有缺损质量问题，本社销售中心负责调换。

定　　价：58.00元　　　　　　　　　　　　　版权所有　违者必究

示波器是一种用途十分广泛的电子测量仪器。它能把肉眼看不见的电信号变换成看得见的图像，便于人们研究各种电现象的变化过程。示波器的应用有很多，除了电压、电流的测量外，可以测试信号的很多参数。如看信号参数，需要打开测试功能；看纹波干扰，需要设置合适的参数条件，并使用接地弹簧减小干扰信号；抓偶发信号，需要设置偶发信号的测试条件，进行单次触发捕捉。

随着电子信息技术的飞速发展，数字技术已经广泛应用到各个领域，很多数字电路的故障用万用表已经无法检测，必须用示波器对整机和电路进行信号的检测和分析。为了帮助电工、电子技术人员和电器维修人员全面学习和掌握示波器的应用与检修技巧，我们编写了本书。

本书从实用角度出发，重点介绍了各类型示波器的使用方法与各种检修技巧。书中以实际产品和各种信号的检测为例，配套相关视频讲解，介绍了汽车传感器、开关电源、工控电源、变频器等电子设备与产品，如何利用示波器检测、维修的方法。

全书内容具有以下特点：

- **全彩图解**：实物照片彩图详解各类示波器检修应用技巧与步骤，便于读者学习；
- **视频讲解**：检修实例配套视频，讲解电路原理、检修操作演示，如同现场教学；
- **内容全面**：目前流行的各类数字示波器检测应用全涵盖。

本书的编写，得到许多同行和专家的支持和帮助，在此表示衷心的感谢！

本书由周新主编，解东艳、孙海洋、国勇副主编，参加本书编写的还有赵书芬、王桂英、曹祥、蔺书兰、张胤涵、焦凤敏、孔凡桂、曹振华、张校珩、张校铭、张伯虎、张振文、张伯龙等。

由于水平所限，书中难免有不足之处，欢迎关注下方二维码交流、指正。

编 者

目 录

第七章　自动示波现场综合检测仪的应用 　/ 114

第八章　示波器与其他仪器仪表的配合使用 　/143

示波器操作视频讲解

常用电子元器件识别、检测与维修	高频头输出	中频输入	彩色视频1	彩色视频2	彩色视频3
亮度视频	电视音频	同步信号	场震荡	场输出电压	场脉冲输出
场偏转电压	行同步	行震荡	行回归脉冲输入	行激励输出	行偏转电压
行递程	行递程脉冲	变频器波形	电视机波形	示波器测试开关电源	示波器的操作
示波器功能键及按钮使用	示波器实测波形	示波器用电流钳的使用	示波器用隔离探头	收音机信号波形	遥控器的使用

01

第一章
认识示波器

第一节 示波器的作用和种类

一、示波器的作用

在汽车、家电、工业设备等领域，只要有电子电路，就要用到示波器，它能把肉眼看不见的电信号变换成看得见的图像，便于人们研究各种电信号的变化过程。利用示波器能观察各种不同信号幅度随时间变化的波形，还可以用它测试各种电量，如电压、电流、频率、相位差、调幅等。

二、示波器的种类

示波器可根据电路结构、显示信号数量，以及测量信号的频率范围等进行分类。

（1）根据测量信号的频率范围分类

① 超低频示波器　适用于测量超低频信号。

② 普通示波器　适用于测量中高频信号（1～40MHz）。

③ 高频示波器和超高频示波器　适用于测量高频（100MHz）和超高频（1000MHz）信号。

（2）从显示信号的数量来分

① 单踪示波器（图1-1）。单踪示波器只有一个信号输入端，在屏幕上只能显示一个信号，它只能检测波形的形状、频率和周期，而不能进行两个信号或三个信号的比较。

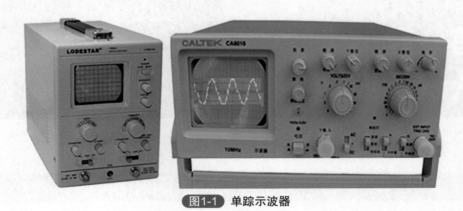

图1-1 单踪示波器

② 双踪示波器（图1-2）。双踪示波器具有两个信号输入端，可以在显示屏上同时显示两个不同信号的波形，并且可以对两个信号的频率、相位、波形等进行比较。

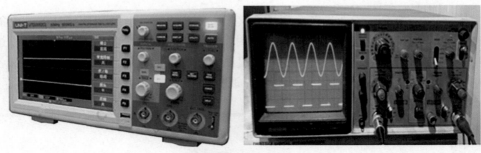

图1-2 双踪示波器

（3）从电路结构来分　有电子管示波器、晶体管示波器和集成电路示波器。

（4）从测量功能来分　有模拟示波器和数字示波器。数字示波器是将测量的信号数字化以后暂存在存储器中，然后再从存储器中读出显示在示波管上，在测量数字信号的场合经常使用，便于观察数字信号的波形和信号内容。

① 模拟示波器（图1-3）。模拟示波器的工作方式是直接测量信号电压，通过从左到右穿过示波器屏幕的电子束在垂直方向描绘电压。

② 数字示波器（图1-4）。数字示波器的工作方式是通过模拟转换器（ADC）把被测电压转换为数字信息。数字示波器捕获的是波形的一系列样值，并对样值进行存储，存储限度直到判断累计的样值是否能描绘出波形为止，随后，数字示

波器重构波形。

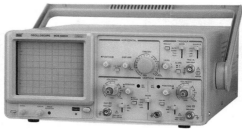

图1-3 模拟示波器

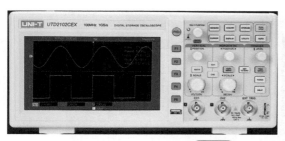

图1-4 数字示波器

数字示波器可以分为数字存储示波器（DSO）、数字荧光示波器（DPO）和采样示波器。

模拟示波器要提高带宽，需要示波管、垂直放大和扫描电路全面推进。数字示波器要改善带宽只需要提高前端的 A/D 转换器的性能，对示波管和扫描电路没有特殊要求，加上数字示波管能具有存储和处理，以及多种触发和超前触发能力，有全面取代模拟示波器之势。

（5）从外形结构来分

① 台式示波器，如图 1-5 所示。

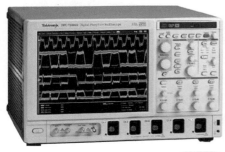

图1-5 台式示波器

② 便携示波器，如图 1-6 所示。

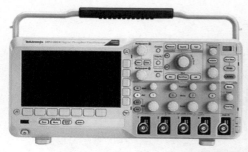

图1-6 便携示波器

③ 手持示波器，如图 1-7 所示。

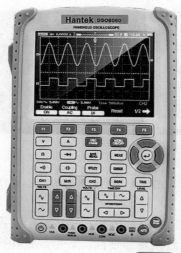

图1-7 手持示波器

④ 平板示波器，如图 1-8 所示。顾名思义，平板示波器就是没有按键和旋钮的示波器，采用全触控操作。

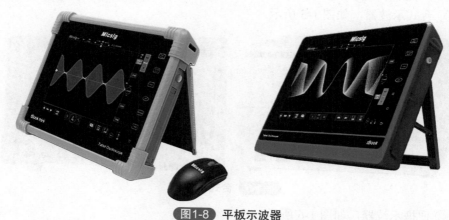

图1-8 平板示波器

⑤ PC 虚拟示波器，如图 1-9 所示。

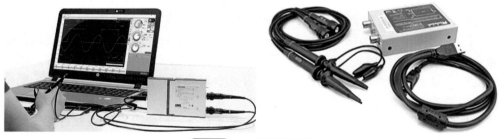

图1-9　PC虚拟示波器

第二节　示波器的选用

一、示波器的技术指标

（1）频率响应　频率响应 f_h 也叫带宽，指垂直偏转通道（Y 方向放大器）对正弦波的幅频响应值下降到中心频率的 0.707 倍（−3dB）的频率。

（2）Y 轴灵敏度　Y 轴灵敏度表示光点在荧光屏垂直方向上偏移单位距离所需施加的电压，单位是 mV/cm。为了方便，通常用 mV/DIV 等表示（1DIV 即是屏幕刻度的 1 大格）。一般示波器都设有灵敏度调节旋钮，使 Y 轴灵敏度可分挡调节，例如 SS7804 示波器灵敏度最高为 2mV/DIV，最低为 5V/DIV。Y 轴灵敏度越高（SY 值越小），表明能够观测信号的幅度越小，有利于测量弱信号。

（3）扫描频率　扫描频率表示水平扫描的锯齿波的频率。一般示波器 X 方向扫描频率可由 t/cm 或 t/DIV 分挡开关进行调节，此开关标注的是时基因数。

（4）输入阻抗　输入阻抗是指示波器输入端对地的电阻 R_i 和分布电容 C_i 的并联阻抗。

（5）示波器的瞬态响应　示波器的瞬态响应就是示波器的垂直系统电路在方波脉冲输入信号作用下的过渡特性。上升时间 t_r 越小越好。

（6）扫描方式　线性时基扫描可分成连续扫描和触发扫描两种方式。

二、示波器的选用

（1）了解需要测试的信号　要知道用示波器观察什么；要知道捕捉并观察的

信号其典型性能是什么；信号是否有复杂的特性；信号是重复信号还是单次信号；要测量的信号过渡过程的带宽或者上升时间是多少；打算用何种信号特性来触发短脉冲、窄脉冲等；打算同时显示多少信号；对测试信号作何种处理。

（2）选择示波器的核心技术差异——模拟（DRT）、数字（DSO），还是数模兼合（DPO） 传统的观点认为模拟示波器具有熟悉的控制面板，价格低廉，因而总觉得模拟示波器"使用方便"。但是随着 A/D 转换器速度逐年提高和价格不断降低，以及数字示波器不断增加的测量能力，数字示波器已独领风骚。但是数字示波器显示具有三维缺陷、处理连续性数据慢等缺点，需要具有数模兼合技术的示波器，例如数字荧光示波器。

（3）确定测试信号带宽 带宽一般定义为正弦波输入信号幅度衰减到 −3dB 时的频率，即衰减 70.7% 时的频率。带宽决定示波器对信号的基本测量能力。如果没有足够的带宽，示波器将无法测量高频信号，幅度将出现失真，边缘将会消失，细节数据将丢失；如果没有足够的带宽，得到的信号所有特性，包含响铃和振鸣等都毫无意义。

（4）A/D 转换器的采样速率 单位为每秒采样次数（Sample Per Second,SPS），指数字示波器对信号采样的频率。示波器的采样速率越快，所显示的波形的分辨率和清晰度就越高，重要信息和事件丢失的概率就越小。

（5）屏幕刷新率（也称为波形更新速度） 所有的示波器都会闪烁，示波器每秒钟以特定的次数捕获信号，在这些测量点之间将不再进行测量，这就是波形捕获速率，也称屏幕刷新率，表示为波形数每秒（wfms/s）。一定要区分波形捕获速率与 A/D 采样速率的区别。采样速率表示示波器在一个波形或周期内 A/D 采样输入信号的频率；波形捕获速率则是指示波器采集波形的速度。波形捕获速率取决于示波器的类型和性能级别，且有着很大的变化范围。高波形捕获速率的示波器将会提供更多的重要信号特性，并能极大地增加示波器快速捕获瞬时收集的异常情况，如抖动、矮脉冲、低频干扰和瞬时误差的概率。

（6）选用适当的存储深度（也称记录长度） 存储深度是示波器所能存储的采样点多少的量度。如果需要不间断地捕捉一个脉冲串，则要求示波器有足够大的存储器。将所要捕捉的时间长度除以精确重现信号所需的采样速率，可以计算出所要求的存储深度。

（7）根据需要选择不同的触发功能 示波器的触发功能使信号在正确的位置点同步水平扫描，使信号特性清晰。触发控制按钮可以稳定重复的波形并捕获单次波形。

大多数示波器用户只采用边沿触发方式，如果拥有其他触发功能，在某些应用上是非常有用的，特别是对新设计产品的故障查找，先进的触发方式可将所关心的事件分离出来，找出用户关心的非正常问题，从而最有效地利用采样速率和存储深度。

02

第二章
示波器的原理与测量技术

　　示波器作为一种用途广泛的电子测量仪器，能把肉眼看不见的电信号变换成看得见的图像，便于人们研究各种电现象的变化过程。示波器利用狭窄的、由高速电子组成的电子束，打在涂有荧光物质的屏面上，就可产生细小的光点（模拟示波器的基本工作原理）。在被测信号的作用下，电子束就好像一支笔的笔尖，可以在屏面上描绘出被测信号的瞬时值的变化曲线。利用示波器能观察各种不同信号幅度随时间变化的波形曲线，还可以用它测试电压、电流、频率、相位差、调幅度等。为方便读者学习，本章内容做成电子版，读者可以用手机扫描二维码根据自身需要选择学习。

第一节　模拟示波器的基本原理

第二节　数字示波器的基本原理

第三节　示波器的基本测量

第二章　示波器的原理与测量技术

　　一、示波器的波形显示
　　二、电压的测量
　　三、时间的测量
　　四、相位的测量
　　五、频率的测量

第三章
示波器探头和附件的正确使用

　　探头对示波器测量至关重要，要求探头对探测的电路影响必须达到最小，并希望对测量值保持足够的信号保真度。如果探头以任何方式改变信号或改变电路运行方式，示波器会看到实际信号的失真结果，进而可能导致错误的测量结果。因此，必须选择与被测电路匹配良好的探头，并且正确使用探头才可能获得与实际相符的测量结果。为方便读者学习，本章内容做成电子版，各类探头的正确使用、校准与注意事项等读者可以用手机扫描二维码详细学习。

第一节　示波器探头的结构与种类

第三章　示波
器探头和附件
的正确使用

　　一、示波器探头的原理
　　二、示波器探头的结构
　　三、探头的分类与各种探头的特性
　　四、示波器探头的指标
　　五、示波器探头及辅件

第二节　示波器探头的正确使用、校准及使用注意事项

　　一、电压探头的正确使用及校准
　　二、示波器探头使用的注意事项

第三节　多种示波器探头的应用

　　一、电流探头的应用
　　二、差分探头的应用
　　三、逻辑探头的应用

第四章
通用模拟示波器面板及应用详解

第一节　模拟示波器的面板功能与应用

一、示波器各操作功能

熟悉和了解仪器的面板，这是人机对话的第一步。本章以常用的 VP-5565A 双踪示波器为例进行介绍，示波器的面板见图 4-1 所示，它由三个部分组成：显示部分、X 轴插件和 Y 轴插件。

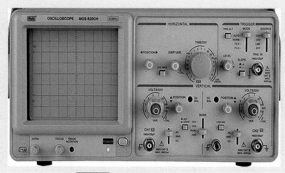

图4-1　双踪示波器面板图

1. 显示部分

显示部分包括示波管屏幕和基本操作旋钮两个部分。

示波管屏幕（图 4-1）为波形显示的地方，屏幕上刻有 8×10 的等分坐标刻度，垂直方向的刻度用电压定标，水平方向用时间定标。下面以方波波形为例简单说明这个波形的基本参数。假如 X 轴插件中的 TIME/DIV 开关置于 0.1ms/DIV，水平方向刚好一个周期；Y 轴插件中的 VOLTS/DIV 开关置于 0.2V/DIV，垂直方向为 5 格。可以算出，波形的周期为 0.1ms/DIV×10DIV=1ms，电压幅值为 0.2V/DIV×5DIV=1V，这是频率为 1000Hz、电压幅值为 1V 的方波信号。

2. 各旋钮及插件

屏幕下方的旋钮为仪器的基本操作旋钮，其名称和作用如图 4-2 所示。

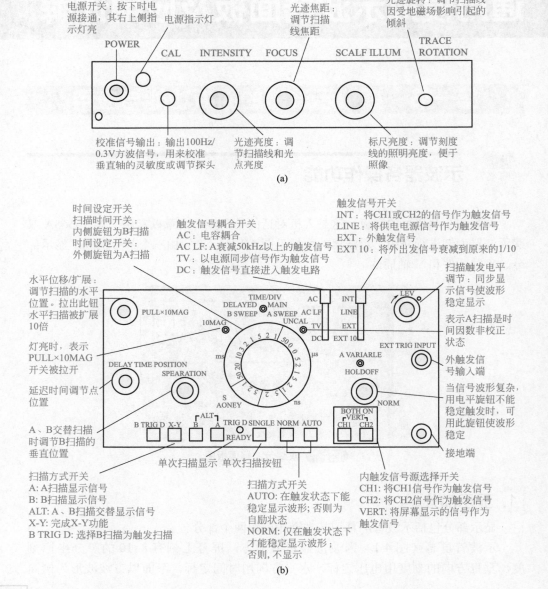

(a)

(b)

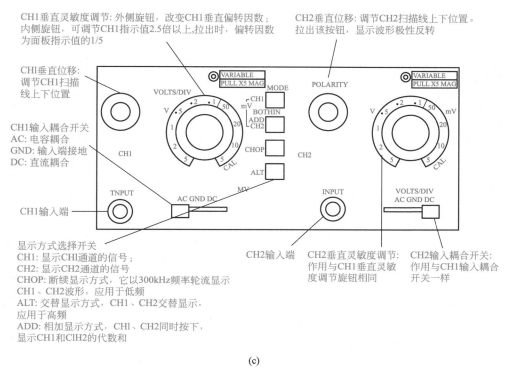

CH1垂直灵敏度调节: 外侧旋钮，改变CH1垂直偏转因数；
内侧旋钮，可调节CH1指示值2.5倍以上,拉出时，偏转因数
为面板指示值的1/5

CH2垂直位移: 调节CH2扫描线上下位置。
拉出该按钮，显示波形极性反转

CH1垂直位移:
调节CH1扫描
线上下位置

CH1输入耦合开关
AC: 电容耦合
GND: 输入端接地
DC: 直流耦合

CH1输入端

显示方式选择开关
CH1: 显示CH1通道的信号；
CH2: 显示CH2通道的信号
CHOP: 断续显示方式，它以300kHz频率轮流显示
CH1、CH2波形，应用于低频
ALT: 交替显示方式，CH1、CH2交替显示,
应用于高频
ADD: 相加显示方式，CH1、CH2同时按下，
显示CH1和ClH2的代数和

CH2输入端

CH2垂直灵敏度调节:
作用与CH1垂直灵敏
度调节旋钮相同

CH2输入耦合开关:
作用与CH1输入耦合
开关一样

(c)

图4-2 示波器的旋钮、插件名称及作用

（a）公共旋扭；（b）X 轴插件；（c）Y 轴插件

（1）X 轴插件　X 轴插件是示波器控制电子束水平扫描的系统。

这里说明一下"扫描扩展"。"扫描扩展"是加快扫描的装置，可以将水平扫描速度扩展10倍，扫描线长度也扩展相应倍数，主要用于观察波形的细节。比如，当仪器测试接近带宽上限的信号时，显示的波形周期太多，单个波形相隔太密，不利于观察。如将几十个周期的波形扩展，显示的只有几个波形了，适当调节 X 轴位移旋钮，使扩展之后的波形刚好落在坐标定度上，即可方便读出时间。扩展之后扫描时间误差将会增大，光迹的亮度也将变暗，测试时应当予以注意。

（2）Y 轴插件　VP-5565A 是双踪单时基示波器，可以同时测量两个相关的信号。它在电路结构上多了一个电子开关，且有相同的两套 Y 轴前置放大器，后置放大器是共用的，因此，面板上有 CH1 和 CH2 两个输入插座、两个灵敏度调节旋钮、一个用来转换显示方式的开关等。

单踪测量时，选择 CH1 通道或者 CH2 通道均可，输入插座、灵敏度微调和 VOLTS/DIV 开关、Y 轴平衡、Y 轴位移等与之对应就行了。

"VOLTS/DIV"旋钮用于垂直灵敏度调节，单踪或者双踪显示时操作方法是相同的。该仪器最高灵敏度为 5mV/DIV，最大输入电压为 440V。为了不损坏仪器，操作者测试前应对被测信号的最大幅值有明确的了解，正确选择垂直衰减器。示

波器测试的是电压幅值，其值与直流电压等效，与交流信号峰 - 峰值等效。

双踪显示时，根据被测信号或测试需要，有交替、继续、相加三种方式供选择。

交替工作方式，就是把两个输入信号轮流地显示在屏幕上。扫描电路第一次扫描时，示波器显示出第一个波形；第二次扫描时，显示出第二个波形；以后的各次扫描，只是轮流重复显示这两个被测波形。这种方式不适宜观测频率较低的信号。

继续工作方式，就是在第一次扫描的第一瞬间显示出第一个被测信号的某一段，第二个瞬间显示出第二个被测信号的某一段，以后的各个瞬间，轮流显示出这两个被测波形的其余各段，经过若干次断续转换之后，屏幕上就可以显示出两个完整的波形。由于断续转换频率较高，显示每小段靠得很近，人眼看起来仍然是连续的波形。这种方式不适宜观测较高频率的信号。

相加工作方式实际上是把两个测试信号代数相加。当 CH1 和 CH2 两个通道信号同相时，总的幅值增加；当两个信号反相时，显示的是两个信号幅值之差。

双踪示波器一般有四根测试电缆，两根直通电缆，两根带有 10 : 1 衰减的探头。直通电缆只能用于测量低频小信号，如音频信号，这是因为电缆本身的输入电容太大。衰减探头可以有效地将电缆的分布电容隔离，还可以大大提高仪器接入电路时的输入阻抗。当然输入信号也受到衰减，在读取电压幅值时要把衰减考虑进去。

二、使用方法

① 打开电源主开关，电源指示灯亮，表示电源接通。

② 通过调节"辉度""聚焦""标尺亮度"等控制旋钮将示波器扫描线调到最佳状态。

③ 垂直偏转因数选择（VOLTS/DIV）和微调。

在单位输入信号作用下，光点在屏幕上偏移的距离称为偏移灵敏度，这一定义对 X 轴和 Y 轴都适用。灵敏度的倒数称为偏转因数。垂直灵敏度的单位是为 cm/V、cm/mV 或者 DIV/mV、DIV/V，垂直偏转因数的单位是 V/cm、mV/cm 或者 V/DIV、mV/DIV。实际上因习惯用法和测量电压读数的方便，有时也把偏转因数当灵敏度。

双踪示波器中每个通道各有一个垂直偏转因数选择波段开关。一般按 1、2、5 方式从 5mV/DIV ～ 5V/DIV 分为 10 挡。波段开关指示的值代表荧光屏上垂直方向一格的电压值。例如波段开关置于 1V/DIV 挡时，如果屏幕上信号光点移动一格，则代表输入信号电压变化 1V。

每个波段开关上往往还有一个小旋钮，微调每挡垂直偏转因数。将它沿顺时针方向旋到底，处于"校准"位置，此时垂直偏转因数值与波段开关所指示的值一致。逆时针旋转此旋钮，能够微调垂直偏转因数。垂直偏转因数微调后，会造成与波段开关的指示值不一致，这点应引起注意。许多示波器具有垂直扩展功能，当微调旋钮被拉出时，垂直灵敏度扩大若干倍（偏转因数缩小对应比例）。例如，如果波段开关指示的偏转因数是 1V/DIV，采用"×5"扩展状态时，垂直偏转因数是 0.2V/DIV。

④ 时基选择（TIME/DIV）和微调。时基选择和微调的使用方法与垂直偏转因数选择和微调类似。时基选择也通过一个波段开关实现，按 1、2、5 方式把时基分为若干挡。波段开关的指示值代表光点在水平方向移动一个格的时间值。例如在 1μs/DIV 挡，光点在屏上移动一格代表时间值 1μs。

"微调"旋钮用于时基校准和微调。沿顺时针方向旋到底处于校准位置时，屏幕上显示的时基值与波段开关所示的标称值一致。逆时针旋转旋钮，则对时基微调。旋钮拉出后处于扫描扩展状态。通常为 ×10 扩展，即水平灵敏度扩大 10 倍，时基缩小到 1/10。例如在 2μs/DIV 挡，扫描扩展状态下荧光屏上水平一格代表的时间值等于 2μs× （1/10）=0.2μs。

⑤ 输入通道选择。输入通道至少有三种选择方式：通道 1（CH1）、通道 2（CH2）、双通道（DUAL）。选择通道 1 时，示波器仅显示通道 1 的信号。选择通道 2 时，示波器仅显示通道 2 的信号。选择双通道时，示波器同时显示通道 1 信号和通道 2 信号。测试信号时，首先要将示波器的地与被测电路的地连接在一起。根据输入通道的选择，将示波器探头插到相应通道插座上，示波器探头上的地与被测电路的地连接在一起，示波器探头接触被测点。示波器探头上有一双位开关。此开关拨到"×1"位置时，被测信号无衰减送到示波器，从荧光屏上读出的电压值是信号的实际电压值。此开关拨到"×10"位置时，被测信号衰减为 1/10，然后送往示波器，从荧光屏上读出的电压值乘以 10 才是信号的实际电压值。

⑥ 输入耦合方式选择。输入耦合方式有三种选择：交流（AC）、地（GND）、直流（DC）。当选择"地"时，扫描线显示出"示波器地"在荧光屏上的位置。直流耦合用于测定信号直流绝对值和观测极低频信号。交流耦合用于观测交流和含有直流成分的交流信号。在数字电路实验中，一般选择"直流"方式，以便观测信号的绝对电压值。

⑦ 触发源（Source）选择。要使屏幕上显示稳定的波形，则需将被测信号本身或者与被测信号有一定时间关系的触发信号加到触发电路。选择触发源确定触发信号由何处供给。通常有三种触发源：内触发（INT）、电源触发（LINE）、外触发（EXT）。

内触发使用被测信号作为触发信号，是经常使用的一种触发方式。由于触发信号本身是被测信号的一部分，在屏幕上可以显示出非常稳定的波形。双踪示波器中通道 1 或者通道 2 都可以选作触发信号。

电源触发使用交流电源频率信号作为触发信号。这种方法在测量与交流电源频率有关的信号时是有效的。特别在测量音频电路、闸流管的低电平交流噪声时更为有效。

外触发使用外加信号作为触发信号，外加信号从外触发输入端输入。外触发信号与被测信号间应具有周期性的关系。由于被测信号没有用作触发信号，所以何时开始扫描与被测信号无关。正确选择触发信号对波形显示的稳定、清晰有很大作用。例如在数字电路的测量中，对一个简单的周期信号而言，选择内触发可能好一些，而对于一个具有复杂周期的信号，且存在一个与它有周期关系的信号时，选用外触发可能更好。

⑧ 触发耦合（Coupling）方式选择。触发信号到触发电路的耦合方式有多种，耦合是为了触发信号的稳定、可靠。这里介绍常用的几种。

AC 耦合又称电容耦合，它只允许用触发信号的交流分量触发，触发信号的直流分量被隔断。通常在不考虑 DC 分量时使用这种耦合方式，以形成稳定触发。但是如果触发信号的频率小于 10Hz，会造成触发困难。

直流耦合（DC）不隔断触发信号的直流分量。当触发信号的频率较低或者触发信号的占空比很大时，使用直流耦合较好。

低频抑制（LFR）触发时触发信号经过高通滤波器加到触发电路，触发信号的低频成分被抑制；高频抑制（HFR）触发时，触发信号通过低通滤波器加到触发电路，触发信号的高频成分被抑制。此外，还有用于电视维修的电视同步（TV）触发。这些触发耦合方式各有自己的适用范围，需在使用中去体会。

⑨ 设置触发电平（Level）和触发极性（Slope）。

触发电平调节又叫同步调节，它使得扫描与被测信号同步。电平调节旋钮调节触发信号的触发电平。一旦触发信号超过由旋钮设定的触发电平时，扫描即被触发。顺时针旋转旋钮，触发电平上升；逆时针旋转旋钮，触发电平下降。当电平旋钮调到电平锁定位置时，触发电平自动保持在触发信号的幅度之内，不需要电平调节就能产生一个稳定的触发。当信号波形复杂，用电平旋钮不能稳定触发时，用释抑（Hold Off）旋钮调节波形的释抑时间（扫描暂停时间），能使扫描与波形稳定同步。

极性开关用来选择触发信号的极性。拨在"+"位置上时，在信号增大的方向上，当触发信号超过触发电平时就产生触发。拨在"–"位置上时，在信号减小的方向上，当触发信号超过触发电平时就产生触发。触发极性和触发电平共同决定触发信号的触发点。

⑩ 扫描方式（Sweep Mode）选择。扫描有自动（AUTO）、常态（NORM）和单次（SINGLE）三种方式。

自动：当无触发信号输入，或者触发信号频率低于 50Hz 时，扫描为自激方式。

常态：当无触发信号输入时，扫描处于准备状态，没有扫描线；触发信号到来后，触发扫描。

单次：单次按钮类似复位开关。单次扫描方式下，按单次按钮时扫描电路复位，此时准备好（READY）灯亮。触发信号到来后产生一次扫描。单次扫描结束后，准备灯灭。单次扫描用于观测非周期信号或者单次瞬变信号，往往需要对波形拍照。

第二节 模拟示波器的应用

一、测试前的校准

测试之前应对仪器进行常规校准，如垂直平衡、垂直灵敏度、水平扫描时间。校准垂直平衡时，将扫描方式置于自动扫描状态，在屏幕上形成水平扫描基线，调节 Y 轴微调，正常时，扫描线沿垂直方向应当没有明显变化，如果变化较大，调节平衡旋钮予以校正，一般这种校正需要反复进行几次才能达到最佳平衡；垂直灵敏度和扫描时间的校准，可通过仪器面板输入频率为 1000kHz、电压幅值为1V 的方波信号进行，采用单踪显示方式进行（参见图 4-3）调校时，如果显示的波形幅值、时间和形状总不能达到标准，表明该信号不准确，或示波器存在问题。

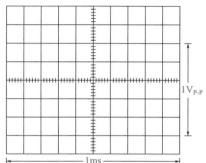

单踪显示方式，两个通道分别进行检查。"TIME/DIV"置于0.1ms/DIV；"VOLTS/DIV"置于0.2V/DIV；同步置于+，自动、AC、DC方式均可，扫描扩展，显示极性等置于常态；调整垂直和水平位移波形与坐标重合，上图为校准好的波形图

$1V_{P-P}$

1ms

图4-3 垂直灵敏度与扫描时间校准

二、 波形测试的基本方法

1. 电压幅值的测量

测量电压实际上就是测量信号波形的垂直幅度。被测信号在垂直方向占据的格数与"VOLTS/DIV"所对应标称值的乘积为该信号的电压幅值。假设"VOLTS/DIV"开关置于 0.5V/DIV，波形垂直方向占据 5DIV，则这个信号的幅值为 0.5V/DIV×5DIV=2.5V（定量测试电压时，垂直微调应当放在校准位置，在后面的文章中，凡是定量测试不再说明）。对于直流信号，由于电压值不随时间变化，其最大值和瞬时值是相同的，因此，示波器显示的光迹仅仅是一条在垂直方向产生位移的扫描直线。电压幅值包括直流幅值和交流幅值。

现代示波器的垂直放大器是直流器、宽带放大器，示波器测量电压的频率范围可以从零一直到数千兆，这是其他电压测量仪器很难实现的。图4-4（a）为幅值的测量，对于直流，广泛采用示波器测量。

交流电压与直流电压不同，直流电压的幅值不随时间变化，交流电压则是随着时间在不断变化的，对应不同的时间，幅值不同（表现在波形的形状上）。大多

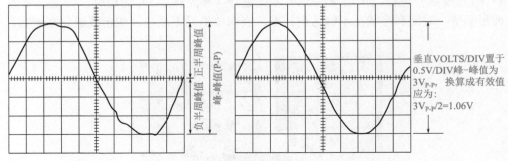

垂直VOLTS/DIV置于 0.5V/DIV峰-峰值为 $3V_{P-P}$，换算成有效值应为：$3V_{P-P}/2=1.06V$

(a) 幅值测量

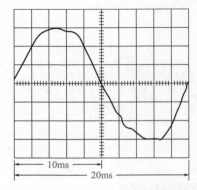

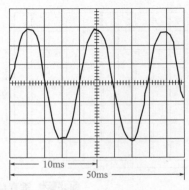

(b) 时间故障测试

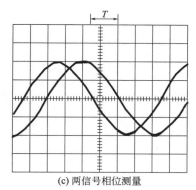

(c) 两信号相位测量

图4-4　波形测试方法

数情况下，这些信号都是周期性变化的，一个周期的信号波形就能够帮助我们了解这个信号。

　　比较简单和常见的有正弦波、方波、锯齿波等，这些波形变化单一。而电视机中的彩条视频信号、灰度视频信号等是典型的复合信号，在一个周期内往往由几种不同的分量在幅度和时间上不同组合，不仅需要测量它们的电压和时间，还要根据图形中的分量来具体区分。如一个行扫描周期的视频信号，其中还包括同步信号、色度信号等。下面列举几种信号具体说明。

　　波形幅值的测量是示波器最基本的，也是经常的操作。有时只需测量幅值，操作过程相对可以简化。测量时先根据待测信号的可能幅度初步确定垂直衰减，并将垂直微调置于校准，实际显示的波形以占据坐标的70%左右为宜（过小则分辨率降低，过大则由于示波管屏幕的非线性会增大误差）。垂直输入方式根据待测信号选择，如果是交流信号，采用 AC；如果需要测量信号中的直流分量，应当选择 DC。在不需要准确读出时间时，扫描时间等的设置可以随意一些，只要能够显示一个周期以上的波形，即使没有稳定同步，也是可以读出幅值的。

2. 信号周期、时间间隔和频率的测量

　　大多数交流信号都是周期性变化的，如我国的市电，变化（一个周期）的时间为 20ms，电视机的场扫描信号一个周期也是 20ms，行扫描信号的周期为 64μs。当把这些信号用示波器显示出来之后，依据扫描速度开关（TIME/DIV）对应的标称值和波形在屏幕上占据的水平格数，就能计算出这个信号的周期。周期和频率互为倒数关系，即 $f=1/T$，因此，周期与频率之间是可以相互转换的。

3. 双踪波形信号相位比较

　　在实际应用中，有时需要比较两个信号的相位，此时需用 CH1、CH2 同时输入信号，显示如图 4-4（c）所示，通过图 4-4（c）即知道两信号相位差值。

第五章
便携式、手持式及平板示波器
常用功能的应用

第一节　示波器垂直系统功能的应用

一、　垂直系统调节区域

示波器常见的有双通道和 4 通道，每个通道有独立的参数，对这些参数进行设置，就是垂直系统调节。

垂直系统在按键区域通常标示为"Vertical（垂直）"（也有的示波器并未专门标示该区域，如手持示波器，只是将相关按键集中在一个区域以方便使用）。便携式、平板及手持式示波器垂直系统区如图 5-1 ～图 5-3 所示。

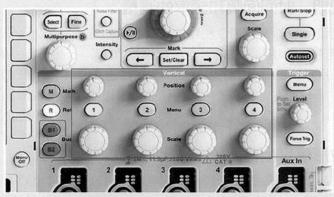

图5-1　便携式示波器垂直系统区

图5-2 平板示波器垂直系统区

图5-3 手持式示波器垂直系统区

二、垂直系统最常用的操作

垂直系统最常用的三个操作是通道的打开与关闭、垂直刻度系数调节和垂直位置调节。

1. 通道的打开与关闭

一般情况下，按垂直系统区域的按键"CH1、CH2、CH3、CH4""1、2、3、4"或"A、B、C、D"可打开或关闭相应通道。如图 5-4 所示。

2. 垂直刻度系数（Vertical Scale）调节

垂直刻度系数指的是垂直方向一大格代表的电压值，单位为 mV/DIV 或 V/DIV。调节垂直刻度系数，会改变波形垂直方向显示的大小。如图 5-5 所示。

图5-4 通道打开与关闭

图5-5 垂直刻度系数调节

垂直刻度系数通常有以下几种表示方式，如图 5-6 所示。

① "Scale"或"VOLTS/DIV"。

② 两个大小不同的正弦形符号"∿""∿"，如图 5-7 所示。

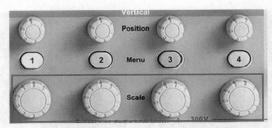

图5-6　垂直刻度系数表示方式

图5-7　两个大小不同的正弦形符号 "⩔" "⩔"

③ "mV" 和 "V"，如图 5-8 所示。

3. 垂直位置（Vertical Position）调节

通俗地讲，调节垂直位置就是上下移动波形。通常有以下几种表示方式。

① "Position"，如图 5-9 所示。

图5-8　 "mV" 和 "V"

图5-9　 "Position"

② 上下箭头 "▲" "▼"，如图 5-10 所示。

图5-10　上下箭头 "▲" "▼"

③ 平板示波器可用手指直接拖动波形上下移动，无需按键或旋钮。如图 5-11 所示。

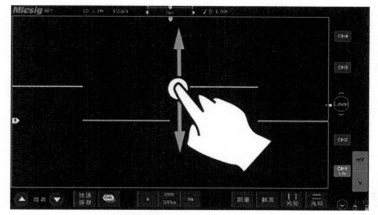

图5-11　拖动波形上下移动

 三、通道菜单的调节

1. 通道菜单键的位置

示波器的垂直系统参数，除了垂直刻度和垂直位置外，其他参数设置都在示波器通道菜单内。通道菜单在垂直系统中常用"Menu"按键打开，该按键在示波器的垂直系统区域，如没有这个按键，就用"CH1、CH2、CH3、CH4""1、2、3、4"或"A、B、C、D"等打开，如图 5-12、图 5-13 所示。

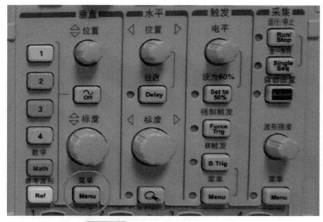

图5-12　菜单键位置图（一）

图5-13 菜单键位置图（二）

2. 垂直系统设置

简单来说，垂直系统设置就是设置每个通道的输入耦合方式、探头比例、探头类型、带宽限制、反相限制、反相和输入阻抗等。

（1）便携式示波器垂直系统设置　点击垂直区域"Menu"键，打开相应菜单，选择相应项进行设置。如图5-14所示。

图5-14 便携式示波器垂直系统设置

（2）手持式示波器垂直系统设置　在示波器模式下，按下"示波器/Scope"键打开相应菜单，如图5-15所示。

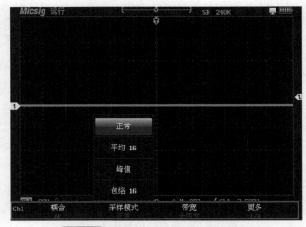

图5-15 手持式示波器垂直系统设置

点"更多"，第二页内容如图 5-16 所示。

图5-16 "更多"显示

（3）平板示波器垂直系统设置　触摸垂直区域向左滑动打开相应菜单，用手指点选即可完成菜单设置。如图 5-17 所示。

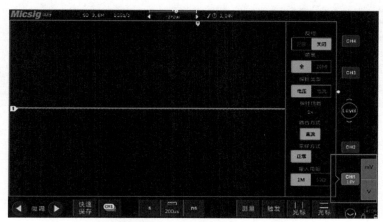

图5-17 平板示波器垂直系统设置

四、 通道的参数设置

1. 输入耦合方式

输入耦合方式是指外部信号从示波器输入端口进入到内部电路的耦合方式，有以下三种方式。

① 直流（DC）耦合：显示原始输入信号的所有分量。

② 交流（AC）耦合：滤除输入信号中的直流分量，只显示交流分量。例如测试电源纹波。

③ 接地（GND）耦合：示波器自身断开外部信号，将内部信号输入端接地。

如图 5-18 所示通道 1、2、3 接入同一个叠加直流分量的交流信号，通道 1（黄色）为直流耦合，通道 2（蓝色）为交流耦合，通道 3（紫红色）为接地耦合。

2. 探头

探头设置包括探头衰减倍数和探头类型。

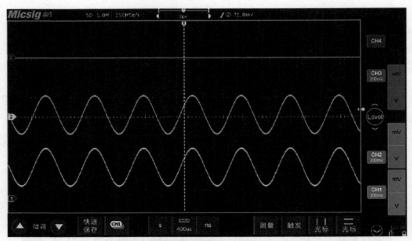

图5-18 输入耦合

① 探头衰减倍数：使用示波器需将探头衰减倍数与实际使用探头衰减倍数设置一致，才能获得正确的测量结果。如果实际探头衰减倍数为1×，则示波器应设置为1×，如果实际探头衰减倍数为10×，则示波器应设置为10×。

② 探头类型：包括电压探头和电流探头。选择的类型与探头类型匹配才能获得正确的单位。

图5-19为便携式示波器探头设置界面。

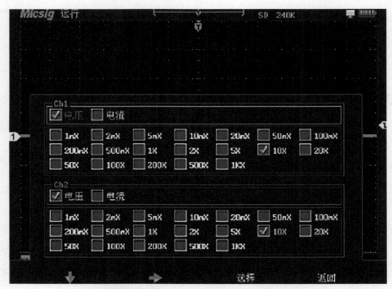

图5-19 便携式示波器探头设置界面

平板示波器的探头设置比较简单，触摸操作红色线框内容即可，如图5-20所示。

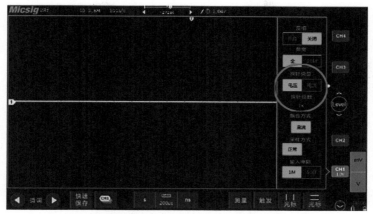

图5-20 平板示波器探头设置

3. 带宽限制

带宽限制通常是人为地将高带宽示波器限制在较低的带宽，以滤除高频信号。通常有全带宽、200MHz、20MHz、20kHz 等，视不同带宽的示波器而定。通常应用于滤除外界的高频干扰、高频噪声等。

如图 5-21，我们可以看到输入信号中包含高频噪声干扰。

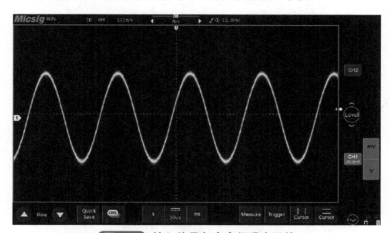

图5-21 输入信号包含高频噪声干扰

打开 20MHz 带宽限制后，信号中高频干扰成分被滤除，如图 5-22 所示。

4. 反相

反相，简单来说就是将波形相对于零电平（地）倒置。为方便对比，将同一信号输入示波器的两个通道，通道 2 反相开启，通道 1 反相关闭，可以看到两个波形电压值正负相反，如图 5-23 所示。

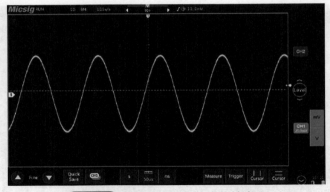

图5-22 信号中高频干扰成分被滤除

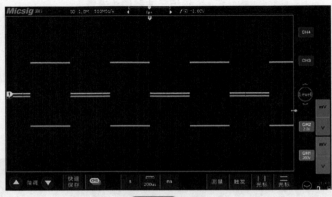

图5-23 反相

5. 输入阻抗

输入阻抗有高阻和50Ω两种模式，在测量时需要与源或探头的阻抗相匹配，如图5-24所示。

图5-24 输入阻抗

第二节　示波器水平系统调节

一、 水平系统调节区域

　　水平系统在按键区域通常标示为"Horizontal（水平）"（也有的示波器并未专门标示该区域，如手持示波器，只是将相关按键集中在一个区域以方便使用）。便携式、手持式及平板示波器水平系统调节区域如图5-25～图5-27所示。

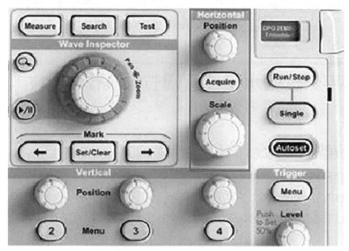

图5-25 便携式示波器水平系统调节

图5-26 手持式示波器水平系统调节

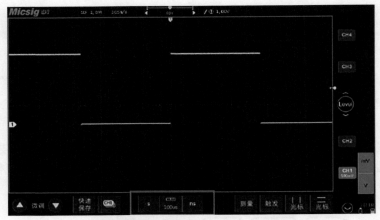

图5-27 平板示波器水平系统调节

二、 水平刻度和水平位置调节的操作

 水平刻度（Horizontal Scale）

水平刻度系数指的是水平方向一大格代表的时间，单位为 s/DIV、ms/DIV、μs/DIV 或 ns/DIV。通常有以下几种表示方式。

① "Scale" 或 "TIME/DIV"，如图 5-28 所示。

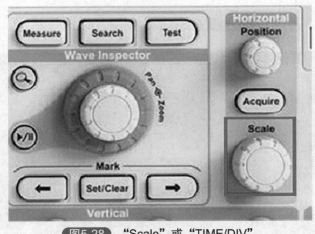

图5-28 "Scale" 或 "TIME/DIV"

② 两个宽度不同的正弦形符号 "＼∧／"＼∧／"，如图 5-29 所示。

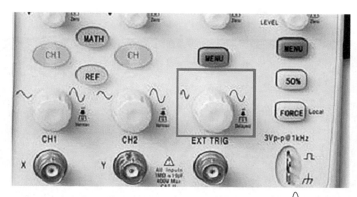

图5-29　两个宽度不同的正弦形符号 "⌒⌒" "⌒⌒"

③ "s" 和 "ns"，如图 5-30 所示。

图5-30　"s" 和 "ns"

2. 水平位置（Horizontal Position）

通俗地讲，调节水平位置就是左右移动波形，通常有以下几种表示方式。

① "Position"，如图 5-31 所示。

② 左右箭头 "◀" "▶"，如图 5-32 所示。

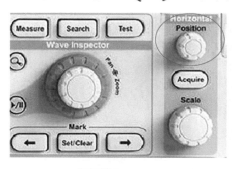

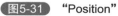

图5-31　"Position"

图5-32　左右箭头 "◀" "▶"

③ 平板示波器可用手指直接拖动波形左右移动，无需按键或旋钮。如图 5-33

所示。

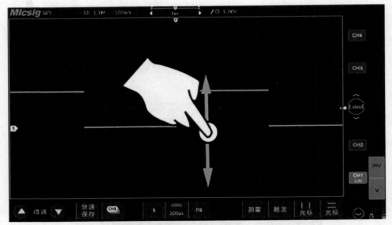

图5-33 直接拖动波形左右移动

第三节　示波器自动测量

一、自动测量的基本操作

自动测量用于分析信号的频率、周期、幅度、相位等一系列参数。一般分为以下几个操作步骤。

① 打开测量菜单"测量""Measure"或"Meas"。

② 选择测量源，也就是选择要测量的通道（CH1、CH2、CH3、CH4）。

③ 选择测量项。

以下是便携式（以DPO2000为例）、手持式（以MS310S为例）、平板（以T0104A为例）三种示波器的操作示例。

1. 便携式示波器

① 按"测量（Measure）"键，显示测量菜单。如图5-34所示。

② 按"添加测量"。如图5-35所示。

③ 旋转多功能旋钮a选择特定的测量，如图5-36所示。

图5-34　"测量（Measure）"键（一）

添加测量	清除测量	指示器	选通 屏幕	高低方法 自动	在屏幕上 显示光标	配置 光标

图5-35 测量菜单

2. 手持式示波器

① 按"测量（Measure）"键，如图 5-37 所示。

图5-36 旋转多功能旋钮 ⓐ

图5-37 "测量（Measure）"键（二）

② 屏幕弹出测量类型菜单，按通道按键 Ch1 或 Ch2 选择测量源，点击触摸屏，选择所需的测量类型。显示如图 5-38 所示。

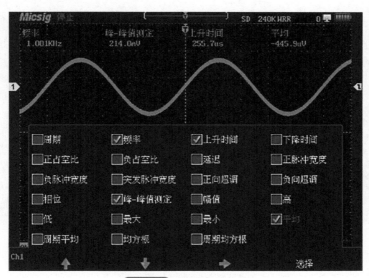

图5-38 测量类型菜单

3. 平板示波器

① 点"测量"，如图 5-39 所示。

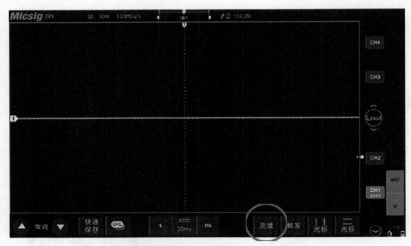

图5-39 点"测量"后的图像

② 点击触摸屏选择通道，然后选择所需的测量类型，可同时对不同通道的信号进行测量。被选中的测量项在屏幕右侧，测量值显示在屏幕下方。如图 5-40 所示。

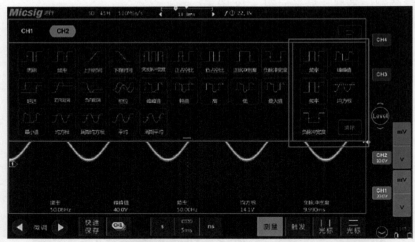

图5-40 点击触摸屏选择通道

、 自动测量的常用测试项

下面以图片的形式介绍一些常用测量项。

（1）幅度测量　各种幅度的测量位置如图 5-41 所示。

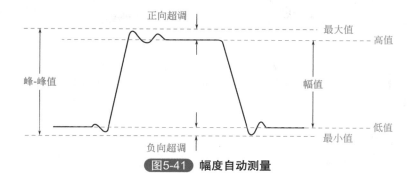

图5-41　幅度自动测量

（2）宽度的测量　各种宽度的测量位置如图 5-42 所示。

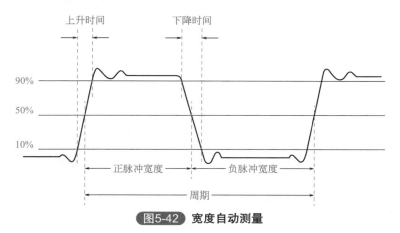

图5-42　宽度自动测量

（3）信号延迟量（相差）　信号延迟量的测量位置如图 5-43 所示。

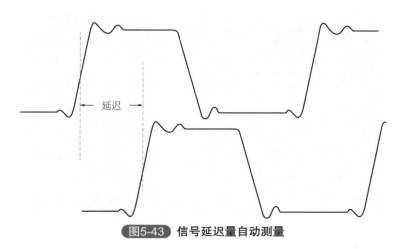

图5-43　信号延迟量自动测量

第四节　示波器水平系统扩展模式

水平系统除了水平刻度和水平位置之外，还包括采样模式、滚屏模式、ZOOM 模式和 XY 模式。

一、采样模式

通常在示波器"采样"或"水平"的菜单内设置，以"Acquire"或"采样方式"为标志。

示波器水平系统采样模式主要有四种：正常、平均、峰值和包络。

正常模式：最常用的采样模式。每一个采样间隔示波器存储一个采样点作为波形显示的一个点。

平均模式：该模式是指将各次波形采集序列，进行点对点多次平均，从而得出最终序列。该模式可以在不损失带宽的情况下减少噪声，有利于对信号进行滤波测量。

峰值模式：是指示波器在任何时基挡以最大采样率进行采样，该模式下可以有效地观察到偶尔发生的窄脉冲或者毛刺，但不能应用于测量。

包络模式：该模式下可以看到数次采样到的波形叠加效果，在指定的 N 次采集中，对每个相同位置捕获其最大值和最小值加以显示。该模式可以用来观察信号噪声或者抖动现象。

图 5-44 ～图 5-47 所示为不同模式下的不同波形。

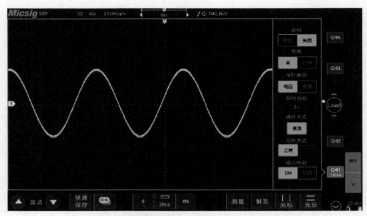

图5-44　正常模式

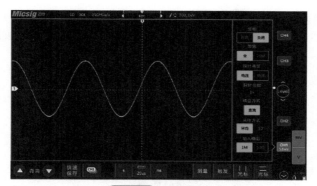

图5-45 平均模式

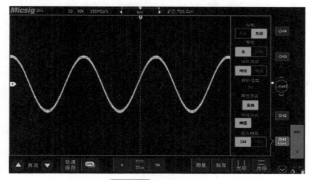

图5-46 峰值模式

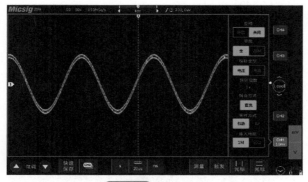

图5-47 包络模式

 二、滚屏（Roll）模式

滚屏模式的特点如下：大时基挡位，连续采样，无采样死区，边采样边显示，无触发设置，波形始终从右往左滚动显示，通常用于低频信号的显示与观察。

通常可以在示波器的"显示/采样/水平"菜单里选择，以"Roll"或"滚屏"为标志，也有的示波器设有专用按键，在操作面板上以"Roll"表示。如图5-48所示。

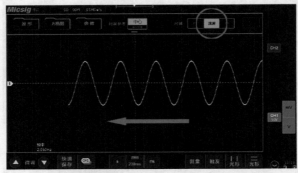

图5-48 滚屏（Roll）模式

 三、**ZOOM 模式**

该模式通常可以在示波器的"显示/采样/水平"菜单里选择，以"ZOOM"为标志，也有的示波器设有专用按键 ZOOM。

ZOOM 模式可让用户在较大的存储深度下同时观察整条波形和局部细节。该模式同时提供一个主窗口和一个 ZOOM 窗口。如图 5-49 所示，主窗口中红色区域的波形被放大显示在 ZOOM 窗口。

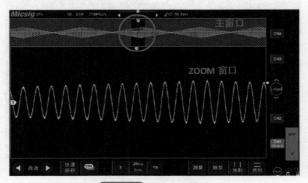

图5-49 ZOOM模式

 四、**XY 模式**

XY 模式下，示波器的两个通道各输入一个信号，在同一时刻，示波器把其中一个通道得到的值作为 X 轴值，另一个通道的值作为 Y 轴值，这两个值形成的坐标点上就会显示一个波形点，信号连续输入，波形点轨迹就形成一个波形图。

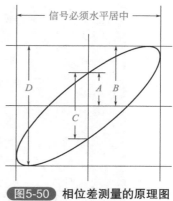

图5-50　相位差测量的原理图

XY 模式可方便地测量相同频率的两个信号之间的相位差。图 5-50 给出了相位差测量的原理图。

根据 $\sin\theta=A/B$（或 C/D）（其中 θ 为通道间的相位差，A、B、C、D 的定义见图 5-50），因此可以得出相位差，即

$$\theta=\pm\arcsin(A/B)[\text{ 或 }\pm\arcsin(C/D)]$$

如果椭圆的主轴在Ⅰ、Ⅲ象限内，那么所求得的相位差应在Ⅰ、Ⅳ象限内，即在（$0\sim\pi T/2$）或（$3\pi T/2\sim 2\pi T$）内。如果椭圆的主轴在Ⅱ、Ⅲ象限内，那么相位差在（$\pi T/2\sim\pi T$）或（$\pi T\sim 3\pi T/2$）内。

该模式通常可以在示波器"显示 / 水平"菜单里选择，以"XY"为标志。

如图 5-51 所示，在水平系统菜单键"Menu"下选择 XY 模式。

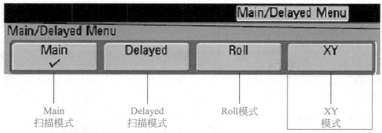

图5-51　在水平系统菜单键"Menu"下选择XY模式

图 5-52 为平板示波器的"XY"模式设置，在"显示"菜单下找到时基方式设置，选择"XY"。

图5-52　平板示波器的"XY"模式

下面举例介绍利用"XY"模式测量相同频率的两个信号之间的相位差，如图 5-53 所示。

① 将一个正弦波信号接入通道 1，再将一个同频率、同幅度、相位差为 90°的正弦信号接入通道 2。

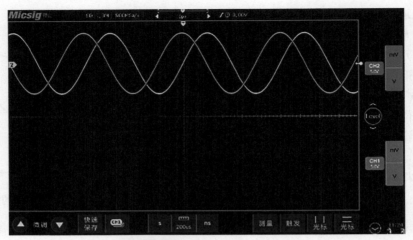

图5-53 Auto（自动设置）

② 按下"Auto（自动设置）"键，得到相位差为90°的两个正弦信号。

③ 在"显示"子菜单下，时基方式选择"XY"模式，示波器将以Lissajous（李沙育）图形模式显示。

④ 通过调节垂直刻度、移动波形位置（滑动）使波形达到最佳效果，可得到如5-54所示的圆形。

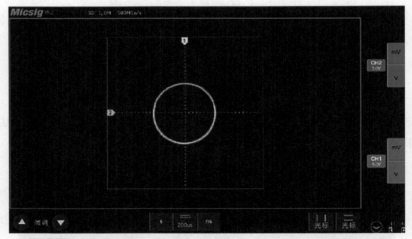

图5-54 调节垂直刻度、移动波形位置（滑动）使波形达到最佳效果

⑤ 观察图5-54的测量结果，并根据相位差测量原理图可得A/B（或C/D）=1，即两个通道输入信号的相位差为$\theta=\pm\arcsin 1=90°$。

除此之外，XY模式还可以用来进行元件测试，例如描绘二极管的伏安特性曲线，还可以通过使用各种传感器，使示波器屏幕显示应力-位移、流量-压力、电压-电流或电压-频率等关系曲线。

注意：
　　① 一般情况下，更长的采样波形可以获得显示效果更好的图形，但是受存储深度的限制，更长的波形长度意味着需要降低采样率。因此，在此测量过程中，适当降低采样率可以得到显示效果较好的李沙育图形。
　　② 以下功能在 XY 模式下不起作用："延迟扫描""矢量显示""协议解码""获取方式""通过 / 失败测试""波形录制""数字通道""余辉时间"。

第五节　示波器的存储深度功能

一、认识存储深度

　　存储深度又称记录长度，是示波器被触发时，进行一次捕获、存储并能显示在屏幕上的波形采样点的数量。如存储深度是 120k，表示波形有 120k 个数据采样点。

　　通常在"采样（Acquire）"或"存储（Storage）"菜单内进行设置，以"Length Record"或"Depth"为标志。当有多个存储深度设置时，一般默认为"自动（AUTO）"。

二、存储深度功能应用

1. 便携式示波器

　　这里以 DPO2000 为例介绍便携式示波器的存储深度设置。
　　① 按"采集"或"Acquire"，如图 5-55 所示。
　　② 按"记录长度"，选择 100k 或 1.00M。如图 5-56 所示。

2. 手持式示波器

　　这里以 MS310S 为例介绍手持式示波器的存储深度

图5-55　"采集"或"Acquire"

设置。

图5-56 选择"记录长度"

① 按"存储/调用"或"Save/Recall"键，在菜单中选择"存储深度"，如图5-57所示。

图5-57 选择"存储深度"

② 按"Level"键选择存储深度值，如图5-58所示。

3. 平板示波器

平板示波器的存储深度设置如下。

① 打开主菜单，选择"保存/调用"，如图5-59所示。

图5-58 "Level"键

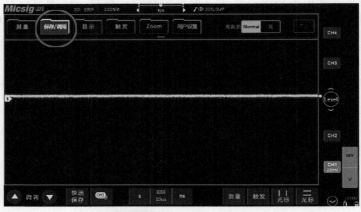

图5-59 选择"保存/调用"

② 在子菜单下选择"存储深度"，触摸选择不同的存储深度。如图5-60所示。

图5-60 选择"存储深度"

第六节　示波器光标测量

一、光标的作用

　　光标测量用于测量波形"水平方向两点之间时间差"及"垂直方向两点之间电压差"，在示波器上通常以"Cursors"或"光标"按键为标志，菜单内分为水平光标和垂直光标，可分别打开，根据提示滑动或旋转旋钮移动光标。

二、光标测量

　　以下分别是便携式（以泰克DPO2000为例）、手持式（以麦科信MS310S为例）、平板（以麦科信TO104A为例）三种示波器的操作。

1. 便携式示波器

　　① 按"光标（Cursors）"键，如图5-61所示，可以改变光标状态，光标的三种状态分别为：

　　a. 屏幕上为显示光标。

　　b. 显示两个垂直波形光标。

　　c. 显示两个垂直光标和两个水平光标。

　　② 当屏幕上显示两个垂直光标，左侧的光标旁边有个ⓐ，代表旋钮ⓐ可以移动此光标，右侧的光标旁边有个ⓑ，代表旋钮 ⓑ 可以移动此光标。如图5-62所示。

　　−258μs 表示光标ⓐ与波形交点相对于触发点的时间差值。

图5-61　"光标（Cursors）"键

　　3.48mV 表示光标ⓐ与波形交点的电压。

　　330μs 表示光标 ⓑ 与波形交点相对于触发点的时间差值。

　　1.42mV 表示光标 ⓑ 与波形交点的电压。

　　△ 588μs 表示两个垂直光标之间的时间差。

　　△ 2.06mV 表示两个垂直光标与波形交点的电压差。

　　③ 按"选择（Select）"键，可以打开或关闭光标联动（也叫光标跟踪），如果联动打开，旋转旋钮ⓐ可以同时移动两个光标，旋转旋钮 ⓑ 调整光标之间的间隔。如图5-63所示。

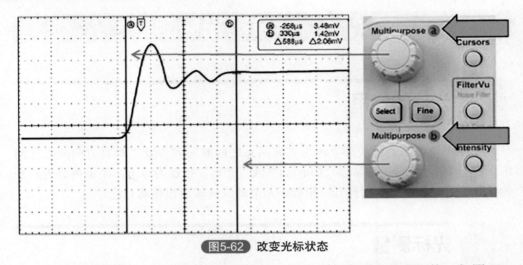

图5-62 改变光标状态

④ 按"精细（Fine）"键对多功能旋转ⓐ和ⓑ进行粗调和细调切换。如图 5-64 所示。

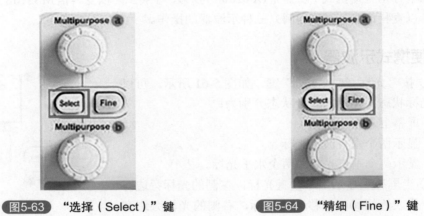

图5-63 "选择（Select）"键   图5-64 "精细（Fine）"键

2. 手持式示波器

① 按"光标（Cursor）"键，打开光标菜单。如图 5-65 所示。

② 按功能选择键打开"水平光标"或"垂直光标"，也可以直接点击屏幕，选择"水平光标"或"垂直光标"。如图 5-66 所示。

③ 按键或拨动滚轮移动光标，如图 5-67 所示。

④ 按"选择"切换所移动的光标（实线为可移动光标），显示如图 5-68 所示。

图中，1 表示被激活的垂直光标（实线）与波形交点电压；2 表示两个垂直光标与波形交点电压差；3 表示被激活的垂直光标相对于触发点的时间差值；4 表示两个垂直光标之间的时间差值。

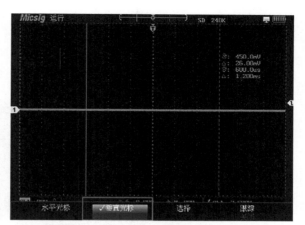

图5-65 "光标（Cursor）"键

图5-66 打开"水平光标"或"垂直光标"

 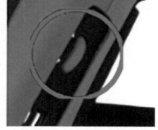

图5-67 按键或拨动滚轮移动光标

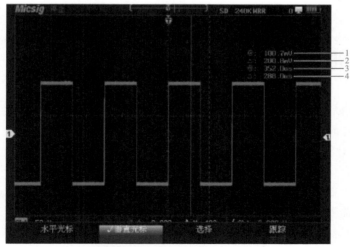

图5-68 "选择"切换移动光标

3. 平板示波器

① 点垂直光标""或水平光标"二"。

② 按住 X1 或 X2 图标将其拖动至需测量处，显示如图 5-69 所示。

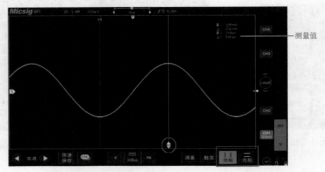

图5-69 按住X1或X2图标将其拖动至需测量处

所得测量值：

105mV 表示被激活的垂直光标（实线）与波形交点电压；

202mV 表示两个垂直光标与波形交点电压差；

258μs 表示被激活的垂直光标相对于触发点的时间差；

502μs 表示两个垂直光标之间的时间差。

第七节　示波器的波形存储与调用

一、波形存储作用与操作步骤

波形存储是指对构成波形的数据进行存储。波形的调用是指将存储的波形调用在屏幕上显示。通常以"Save/Recall"或"保存/调用"为标志。

存储波形通常有以下几个操作步骤：

① 打开存储或调用菜单。

② 选择存储。

③ 选择需要存储的波形（CH1、CH2、CH3、CH4）。

④ 选择存储位置（示波器内部存储器或 U 盘）。

⑤ 选择存储格式。

⑥ 保存。

调用波形通常有以下几个操作步骤：

① 打开存储或调用菜单。

② 选择调用。

③ 选择需要调用波形的存储位置（示波器参考存储器 R1、R2、R3、R4 或 U 盘）。

④ 选择需要显示的参考通道（R1、R2、R3、R4）。

有的示波器有"Ref"键，可快速调用波形。

 二、**存储和调用**

以下分别是便携式（以 DP02000 为例）、手持式（以 MS310S 为例）、平板（以 T0104A 为例）三种示波器的操作：

1. **便携式示波器**

（1）存储

① 按"Save/Recall"区域的"Menu"按键打开菜单，如图 5-70 所示。

保存屏幕图像	存储波形	储存设置	恢复波形	恢复设置	分配 保存 到 波形	文件功能

图5-70　按"Save/Recall"区域的"Menu"按键打开菜单

② 按"存储波形"，显示如图 5-71 所示。

③ 按"源"并旋转多功能旋钮（a）选择需要保存的波形（Ch1、Ch2、Ch3、Ch4）。

④ 按"目标"并旋转多功能旋钮（b）选择存储格式。

⑤ 按"保存…"存储到"R1/R2"或 U 盘。

（2）调用

① 按"Save/Recall"区域的"Menu"按键，打开菜单。

② 按"恢复波形"。

③ 选择要调出的波形位置（USB 或"R1/R2"），从而得到想要调用的波形。

以下为调用参考波形的方式。

① 按基准"R"，如图 5-72 所示。

源
(a) 1
目标
(b) .csv
波形分辨率
完整
选通
关
保存…

图5-71　按"存储波形"显示

(R1) |	(R2) |				
〔开〕	〔关〕				
2007年 5月3日					

图5-72 按基准 "R" 及显示

② 按 R1 或 R2 下方软键，选择需要显示的参考波形。

2. 手持式示波器

（1）存储

① 按 "存储 / 恢复（Save/Recall）" 键，选择 "存储波形"，进入存储波形菜单，如图 5-73 所示。

图5-73 进入存储波形菜单

② 按 "Ch1" 或 "Ch2" 选择需要保存波形的通道。

③ 按下方对应的功能选择键，将波形数据存储到对应的位置（R1 ～ R4 中的一个）。如图 5-74 所示。

图5-74 存储位置

这里以存储到 R1 为例，如图 5-75 所示，黄色波形是 Ch1 波形（被紫色波形覆盖），紫色波形是存储后的波形，两个波形彼此重合。

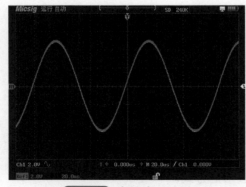

图5-75 存储波形到R1

（2）调用

① 按"存储 / 恢复"键，进入"恢复波形"菜单。

② 选择"恢复波形"，如图 5-76 所示。

图5-76　按"存储/恢复"键进入"恢复波形"菜单

③ 按屏幕下相应的选择键，选择想要观察的波形，显示如图 5-77 所示。

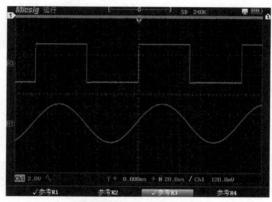

图5-77　恢复存储波形

3. 平板示波器

（1）存储　平板示波器提供两种存储方法：快速保存和正常存储。

① 快速保存　点击屏幕上"Quick save"或"快速保存"可直接保存波形。如图 5-78 所示。

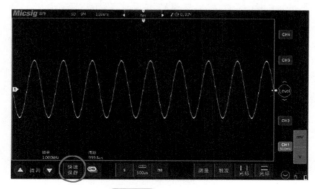

图5-78　快速保存

② 正常存储

a. 打开主菜单，点"保存 / 调用"，如图 5-79 所示。

b. 点"保存"，调出保存菜单，如图 5-80 所示。

c. 设置保存选项，可以用软键盘给要存储的波形起一个名字，然后保存。

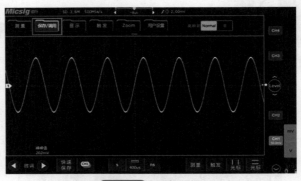

图5-79 保存/调用

图5-80 保存

（2）调用 第一步与"存储"相同。第二步选择"调用"，出现之前保存的波形数据列表，如图 5-81 所示，触摸选择需要显示的波形，如图 5-82 所示。

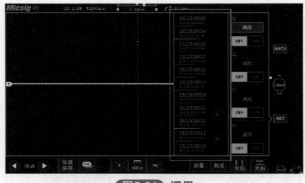

图5-81 调用

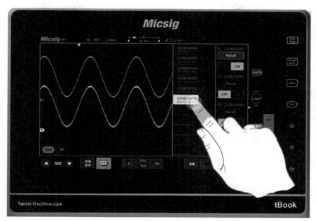

图5-82　触摸选择显示波形

第八节　示波器截图功能

一、截图功能用途

截图功能是截取示波器整个屏幕内容，保存至示波器内部存储器或 U 盘，供后续再使用。

二、截图功能的操作

以下分别是便携式（以 DP02000 为例）、手持式（以 MS310S 为例）、平板（以 T0104A 为例）三种示波器的操作。

1. 便携式示波器

①按"Save/Recall"区域的"Menu"按键，打开菜单，显示如图 5-83 所示。

②按"保存屏幕图像"，显示如图 5-84 所示。

③反复按"文件格式"，选择 .Tif、.Bmp 或 .Png 格式。

④按"省墨模式"打开或关闭该模式。如果处于打开状态，该模式将提供白色背景。

保存屏幕图像	存储波形	存储设置	恢复波形	恢复设置	分配 保存 到 设置	文件功能

图5-83 按"Menu"按键,打开菜单

⑤ 按"编辑文件名"为屏幕图像文件创建自定义名称。跳过该步骤则使用默认名。

⑥ 按"OK 保存屏幕图像"将图像保存到选定的介质中(示波器内部存储器或 U盘)。

2. 手持式示波器

① 插入 U 盘。

② 按"保存 / 恢复(Save/Recall)",进入菜单,如图 5-85 所示。

③ 选择"屏幕拍照"。屏幕拍照将当前屏幕以图片格式存至 U 盘。

图5-84 保存屏幕图像

图5-85 保存/恢复(Save/Recall)"

3. 平板示波器

① 插入 U 盘。

② 打开主菜单。

③ 点"保存 / 调用",如图 5-86 所示。

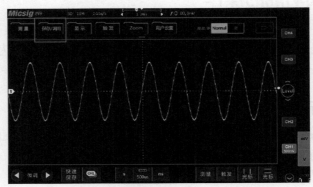

图5-86 保存/调用

④ 点"屏幕拍照",完成抓图,如图 5-87 所示。

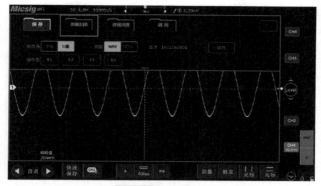

图5-87 屏幕拍照

⑤ 查看图片，在桌面点击"图片"，出现已抓取图片的列表，触摸选择所要查看的图片，显示如图 5-88 所示。

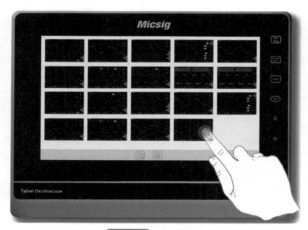

图5-88 查看图片

第九节 示波器的触发系统

 触发作用

只有先满足一个预设的条件，示波器才会捕获一个波形，这个根据条件捕获波形的动作就是触发。所谓捕获波形，就是示波器抓取了一段信号并显示出来。

不触发就没有波形显示。触发的作用如下。

　① 示波器可以稳定地显示一个周期性的信号。如图 5-89、图 5-90 所示。

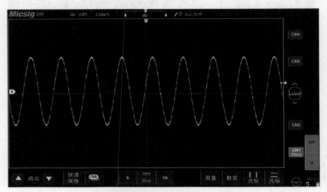

图5-89　稳定周期性信号

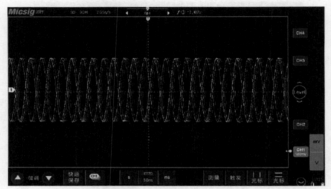

图5-90　不稳定周期性信号

　② 从快速而又复杂的信号中抓取想要观察的片段。如图 5-91、图 5-92 所示。

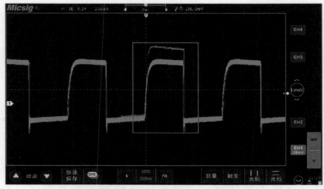

图5-91　周期信号中有异常信号

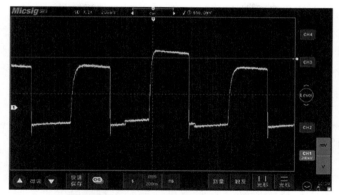

图5-92　通过设置触发捕获到异常信号

二、强制触发作用

　　当示波器没有满足触发条件时，人为或自动让示波器产生的触发，就是强制触发。强制触发就是不管条件是否满足，示波器都抓取一段信号显示。

　　人为强制触发，一般是通过"强制触发（Force 或 Force Trig）"按键实现，每按一次按键，示波器触发一次。如图 5-93 所示。

　　自动强制触发在菜单里设置。触发设置里，一般有触发模式选项，可设置为"正常（Normal）"或"自动（Auto）"。正常触发即为按设置条件触发。自动触发是强制触发的一种，当示波器超过一定时间没有触发产生时，示波器就会强制触发。如图 5-94 所示。

图5-93　"强制触发"按键

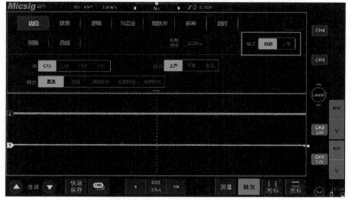

图5-94　示波器触发模式设置

　　当对一个信号特征不了解时，示波器应设置在"自动（Auto）"模式，这样可以保证在其他触发设置不正确时示波器也有波形显示，尽管波形不一定是稳定的，但是可以为我们进一步调节示波器提供直观的判断。

当我们针对一个特定的信号设置了特定的触发条件时，尤其是满足触发条件的时间间隔比较长时，就需要将触发模式设置为"正常（Normal）"，以防止示波器自动强制触发。

三、触发条件

触发条件通常包括触发源、触发电平、触发类型、触发抑制时间、触发耦合、触发模式、单次触发。

1. 触发源

示波器有多路输入信号，这些信号可能是通道输入，也可能是外部触发输入，示波器需要从这些输入信号中选取一路或几路信号作为触发条件的比较对象，被选取的信号就是触发源。

例如，示波器开启"1、2、3、4"四个通道，四个通道输入的信号各不相同，必须选择一个通道作为触发条件的比较对象。假如选择的是通道4，只有当通道4的信号满足触发条件的瞬间，示波器才会抓取这一瞬间四个通道的信号进行显示，这时的通道4就是触发源。如图5-95所示。

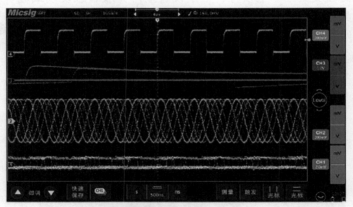

图5-95 触发源为通道4

通常有三类触发源：

·内触发（INT）：即示波器的信号通道。

·外触发（EXT或AUX IN）：一个独立的信号输入通路，仅用于触发，信号不显示。

·电源触发（LINE）：将示波器的市电输入作为触发信号。

2. 触发电平

在示波器显示中为一个电压值，单位是"mV"和"V"。触发电平在示波器上常分配在触发设置[Trigger（触发）]区，也有的示波器为操作方便将其单独放置。按键或旋钮标示为"Level"。如图 5-96 所示。

示波器显示界面上都会有一个触发电平线以指示其相对于信号波形的位置。另外，平板示波器的触发电平调节如图 5-97 所示，可通过手指触摸"Level"上下滑动来调节。

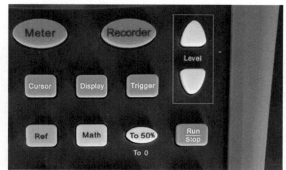

图5-96　选择触发电平

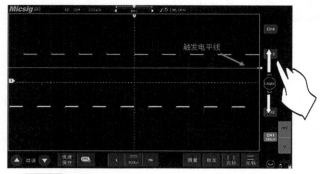

图5-97　手指触摸"Level"上下滑动来调节触发电平

只有触发电平在信号幅度的范围之内时，信号才可能被触发。

3. 触发类型

示波器有多种触发类型，这里只介绍较常用的几种：边沿、脉宽、逻辑、视频、超时、斜率、矮脉冲、串行总线。

（1）边沿触发　边沿触发是通过查找波形上特定的沿（上升沿或者下降沿）来触发信号。图5-98是边沿触发的原理示意。以触发电平作为参考，当信号从低于触发电平变化到高于触发电平时产生的触发，就是上升沿触发，反之是下降沿触发。

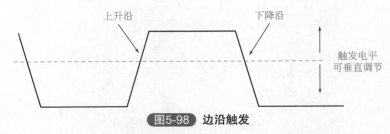

图5-98　边沿触发

现给示波器内输入一个简单正弦信号，默认上升沿触发，如图5-99所示，此时可以看到触发电平一直高于信号的幅度，信号不会被触发。

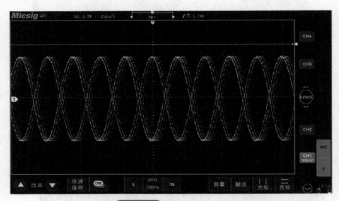

图5-99　上升沿触发

按住"Level"向下滑动调低触发电平，当触发电平值降到信号范围内时，得到稳定的波形，如图5-100所示。

（2）脉宽触发　通俗地讲，脉宽触发就是根据脉冲宽度产生的触发，触发条件一般有大于（＞）、小于（＜）或者等于（＝）。

正脉宽：从上升沿与触发电平相交点到相邻的下降沿与触发电平相交点，两点之间的时间差。

负脉宽：从下降沿与触发电平相交点到相邻的上升沿与触发电平相交点，两点之间的时间差。如图 5-101 所示。

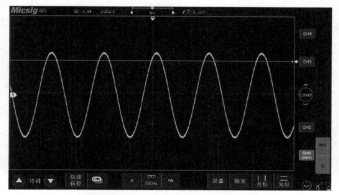

图5-100　向下滑动调低触发电平

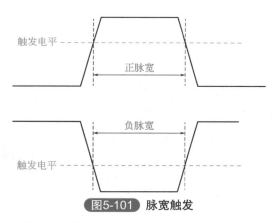

图5-101　脉宽触发

　　例如，输入一个信号，信号中的脉冲有不同的脉宽，进行触发设置（图 5-102），图 5-103 为触发后的波形。

　　（3）逻辑触发　设定每个通道的逻辑值，设置通道之间的逻辑关系（与、或、非等），当满足该逻辑关系并达到设定的时间条件后，任一通道的边沿变化时，产生触发。

图5-102　进行触发设置

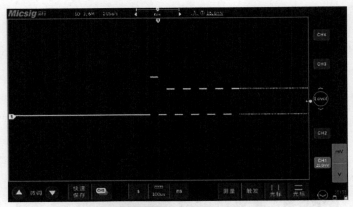

图5-103 触发后的波形

每个通道的逻辑值可以设置为 H（高，大于触发电平时为高）、L（低，小于触发电平时为低）、X（无关 / 忽略）。

例如，输入两个信号，设定 Ch1 与 Ch2 同时为高时触发，如图 5-104 所示。触发后的波形如图 5-105 所示。

图5-104 设定Ch1与Ch2同时为高时触发

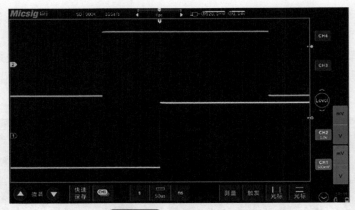

图5-105 触发后的波形图

（4）视频触发　指专门针对视频信号的触发方式，根据视频的制式不同而有所不同，一般有 PAL/625、SECAM、NTSC/525、720P、1080I 和 1080P 等制式，以平板示波器为例，如图 5-106 所示。

图5-106 "触发"菜单中选择"视频"

① 在"触发"菜单中选择"视频"。

② 选择触发源为 Ch1。

③ 根据测试的信号选择对应的视频制式。

④ 选择所需要捕获的场或行，如图 5-107 所示。

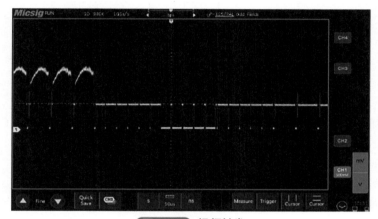

图5-107 视频触发

（5）超时触发 超时触发是指从信号与触发电平交汇处开始，触发电平之上（或之下）持续的时间达到设定的时间时，产生触发，如图 5-108 所示。

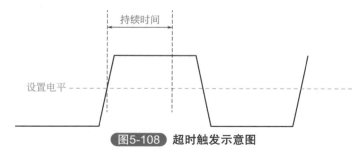

图5-108 超时触发示意图

（6）斜率触发 斜率触发是指当波形从一个电平到达另一个电平的时间符合设定的时间条件时，产生触发。

正斜率时间：波形从低电平达到高电平所用的时间。

负斜率时间：波形从高电平达到低电平所用的时间。

如图 5-109 所示。

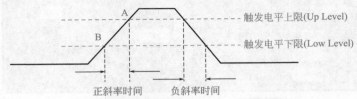

图5-109 正斜率时间/负斜率时间

（7）矮脉冲触发　通过设置高低电平门限，触发那些跨过了一个电平门限但没有跨过另一个电平门限的脉冲。有两种类型可选：正矮脉冲、负矮脉冲。如图5-110 所示。

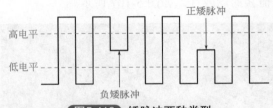

图5-110 矮脉冲两种类型

（8）串行总线触发　包含 UART（RS232/RS422/RS485）、SP1、I²C、CAN、LIN、ARINC429、MIL-STD-1553B 等总线。

设置示波器的触发类型通常有以下几个操作步骤：

① 打开"触发类型"菜单，选择所需触发类型。

② 选择信号源或进行总线配置。

③ 设置触发条件。

以下分别是便携式（以 DP02000 为例）、手持式（以 MS310S 为例）示波器操作。

① 便携式示波器

a. 按触发系统区域的"Menu"键，如图 5-111 所示。

类型	信号源总线	触发位置	地址		方向	模式
总线	B1 (I2C)	地址	07F		写	自动触发&释放

图5-111 按触发系统区域的"Menu"键及对应菜单

b. 按"类型"调出"触发类型"列表。

c. 旋转通用旋钮 a 选择所需的触发类型，如图 5-112 所示。

d. 使用屏幕下方软键进行串行总线触发设置。

② 手持式示波器

a. 按"触发（Trigger）"按键，如图 5-113 所示。

b. 按"触发类型"调出列表，如图 5-114 所示。

c. 选择"串行总线"，选择总线类型。

d. 配置串行总线，进行触发设置。

图5-112　旋转通用旋钮a

图5-113　"触发（Trigger）"按键

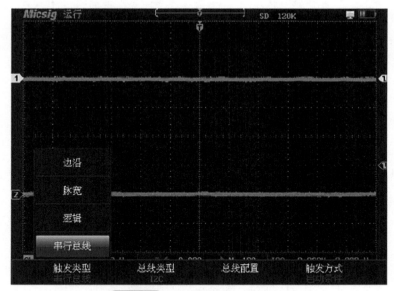

图5-114　"触发类型"调出列表

4. 触发抑制时间

触发抑制时间是指示波器触发之后再次触发所等待的时间，在抑制结束之前示波器不会再次触发。

触发抑制时间通常以"Holdoff、抑制时间、释放、释抑"为标志，在示波器触发系统"Trigger"区域按菜单键"Menu",可得到设置栏进行设置。如果没有"Menu"键,则按"Trigger(触发)"键设置。

(1)便携式示波器 如图5-115所示。

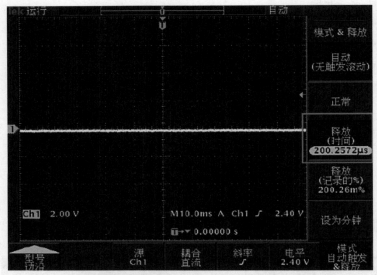

图5-115 便携式示波器触发抑制时间设置

(2)手持式示波器 如图5-116所示。

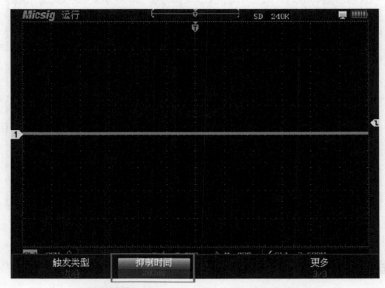

图5-116 手持式示波器触发抑制时间设置

触发抑制时间的设置对偶发性多边沿的信号捕获极为重要。若触发抑制时间没有设置好,示波器将会把信号的不同边沿作为触发点,导致不一致的波形重叠在一起，造成波形显示不稳定。

　　如图 5-117 所示，输入一个多边沿信号到示波器，可以看到图中波形不稳定。此时的触发抑制时间为 200ns。

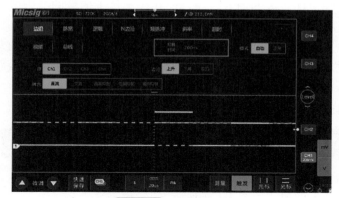

图5-117　多边沿信号

　　此时，轻触抑制时间，得到如图 5-118 所示设置界面，将触发抑制时间增大至2ms。便得到图 5-119 所示稳定的波形。

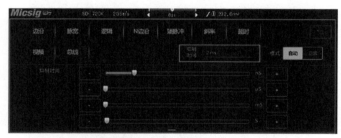

图5-118　触发抑制时间为2ms

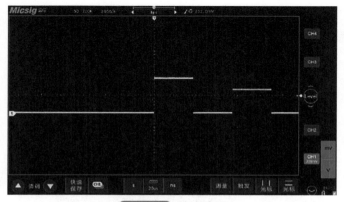

图5-119　稳定波形

5. 触发耦合

在示波器常用的设置中，一般设定了触发类型、触发电平，波形就能稳定显示了。但对于噪声比较大的信号，噪声的存在干扰了信号的准确触发。触发耦合的作用主要是用来抑制触发电路中的干扰与噪声。

可以在触发系统"Trigger"区域中按下菜单键"Menu"得到触发设置栏，选择合适的触发耦合方式。如果没有"Menu"键，则按"Trigger（触发）"键设置。触发耦合的标志一般为"Coupling（耦合）"。

（1）便携式示波器　如图 5-120 所示。

图5-120　便携式示波器触发耦合设置

（2）手持式示波器　如图 5-121 所示。

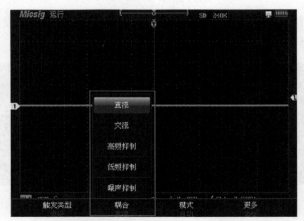

图5-121　手持式示波器触发耦合设置

（3）平板示波器　如图 5-122 所示。

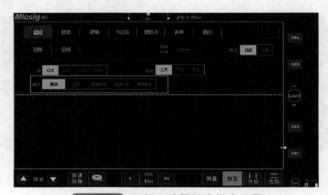

图5-122　平板示波器触发耦合设置

接下来介绍各个触发耦合方式。

① 直流（DC）耦合：触发源信号交流和直流成分都被送入触发电路。

② 交流（AC）耦合：触发源信号直流成分被滤去。适用于观察从低频到较高频率的信号。

③ 高频（HF）抑制：触发源信号中特定频率以上的信号都被滤去。适用于观察含有高频干扰的信号。

④ 低频（LF）抑制：触发源信号中特定频率以下的信号都被滤去。适用于观察含有低频干扰的信号。

⑤ 噪声（Noise）抑制：用低灵敏度的直流耦合来抑制触发源信号中的噪声成分。适用于观察含有高频噪声干扰的信号。

下面以高频抑制为例了解触发耦合的作用。给示波器输入一个正弦信号，图中可以看到信号存在高频干扰，波形没有稳定显示，如图 5-123 所示。

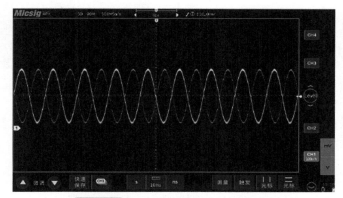

图5-123 输入有高频干扰的正弦信号

此时，将触发耦合设置为高频抑制，触发源信号中的高频干扰成分被抑制，于是波形稳定，如图 5-124 所示。

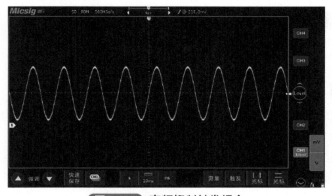

图5-124 高频抑制触发耦合

6. 单次触发（Single 或 Single SEQ）

单次触发是示波器清除显示屏上的波形，当信号满足触发条件时，立即产生一次触发，进行单次采集并将采集的波形数据显示，采集完成后停止。

在示波器上，单次触发常设为专用按键，以"单次触发或 Single 或 Single SEQ"为标志。

①"Single"键如图 5-125 所示。

②"Single SEQ"键如图 5-126 所示。

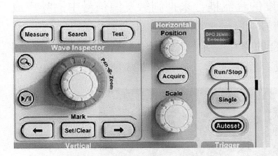

图5-125 便携式示波器"Single"键　　图5-126 手持式示波器"Single SEQ"键

单次触发常用来捕获单次事件，例如给一个电路上电时产生的上电信号只会出现一次，如果不使用单次触发，很难捕获到该信号。

第十节　示波器常用设置应用

一、刷新率与应用

1. 刷新率

刷新率也叫波形捕获率，是指示波器在 1s 内捕获并显示波形的数量。刷新率越高，捕获并显示的信号越多，看到偶发异常的概率越大；刷新率越低，捕获并显示的信号越少，漏失信号的概率越大。高刷新率通常会用来捕获抖动、矮脉冲、低频干扰和瞬时误差。

一般在"显示（Display）"菜单内进行设置。

2. 刷新率的应用

下面以手持示波器为例设置刷新率。

按"显示（Display）"键，在菜单中选择"刷新率"，可设为"高刷新"或"普通"。高刷新率和普通刷新率波形对比如图 5-127、图 5-128 所示。

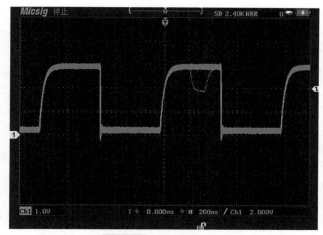

图5-127　高刷新率波形

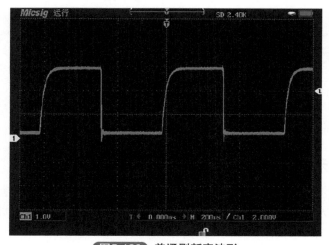

图5-128　普通刷新率波形

二、灰度设置

波形灰度又称三维波形显示，也就是数字示波器显示出模拟示波器的效果的

"DPO"。

示波器对多次采集到的波形在每个位置进行点对点概率统计，概率大的地方波形显示较亮，概率小的地方波形显示较暗，由此形成有灰度效果的波形。观察亮度可知哪些是偶发波形，哪些是常规波形。

注意与示波器"余辉"的区别。

图 5-129 为平板示波器灰度显示效果。

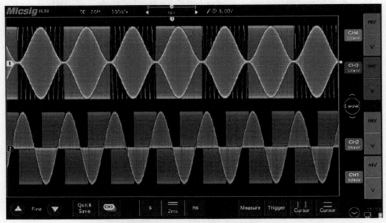

图5-129 平板示波器灰度显示效果

三、 显示设置

示波器的显示设置在操作上大同小异，包括波形显示设置、方格图设置和余辉调节等。下面以平板示波器为例来介绍。

1. 波形显示设置

波形显示包括波形绘制方式与波形亮度，在显示菜单中进行设置。

波形绘制方式有打点显示和连线显示两种，波形亮度可从 1% 调节到 100%。

以平板示波器为例，调节方式如下。

① 触摸主菜单中的"显示"，在"波形"下选择"点"或者"线"。

② 手指滑动亮度条调整波形亮度，如图 5-130、图 5-131 所示。

波形亮度调整只会影响模拟通道波形（不会影响参考波形、数字波形等）。

2. 方格图设置

方格图设置包括方格图样式与方格图亮度，在显示菜单中进行设置。

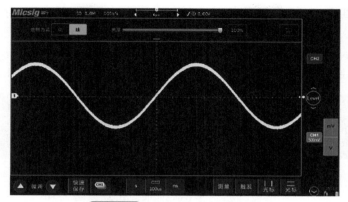

图5-130　以100%波形亮度显示

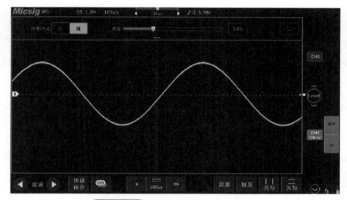

图5-131　以30%波形亮度显示

方格图样式有方框、十字准线、方格、满（所有）四种，方格图亮度可从 0% 调节到 100%。

以平板示波器为例，调节方式如下。

① 触摸主菜单中的"显示"，在子菜单中选择"方格图"，选择所需要的方格图样式，如图 5-132 所示。

图5-132　选择所需要的方格图样式

② 滑动亮度条改变方格图亮度。

3. 余辉调节

余辉指的是波形在屏幕上停留一段时间，不立即消失的效果。这个时间就是余辉停留时间，可以通过示波器设置。

当示波器采集到新的波形的时候，先前采集的波形降低亮度，新采集的波形以较亮的颜色显示。余辉仅保存当前显示区域，不能移动和缩放。

以平板示波器为例，介绍余辉调节如下。

① 触摸主菜单中的"显示"，在子菜单中选择"余辉"，如图 5-133 所示。

图5-133 选择"余辉"

② 选择余辉的三种模式，如图 5-134 所示，自动、普通和∞。其中，"∞"即无限余辉模式，永不擦除先前采集的结果；"普通"可以自己选择余辉时间。

图5-134 选择余辉的三种模式

③ 要从显示中擦除先前采集的结果，可点击"清除"，示波器将再次开始累计多个采集。

四、语言设置

便携式示波器的语言设置以 DPO2000 为例介绍。

① 按下"辅助功能（Utility）"键，如图 5-135 所示。

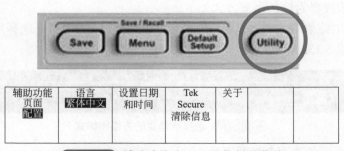

辅助功能 页面 配置	语言 繁体中文	设置日期 和时间	Tek Secure 清除信息	关于	

图5-135 辅助功能（Utility）"键及菜单

② 选择"辅助功能页面"。

③ 旋转旋钮ⓐ选择"配置"。

④ 在菜单中选择"语言"。

⑤ 旋转旋钮ⓐ选择所需的语言。可选择语言：英语、法语、德语、意大利语、西班牙语、巴西葡萄牙语、俄语、日语、韩语、简体中文和繁体中文。如图 5-136 所示。

下面为平板示波器的语言设置。

① 在桌面上点击"设置"。

② 用手指滑动语言框选择所需语言，如图 5-137 所示。

图5-136 旋转旋钮ⓐ选择

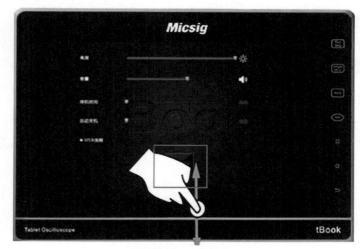

图5-137 语言设置

第六章
数字示波器使用实例

第一节　泰克示波器外形及面板

一、了解泰克示波器种类与参数

泰克示波器的型号很多，但是主要是按照系列来分的，了解了某种型号的示波器的使用，就可以使用大多数示波器。本章以泰克 TDS1000 系列示波器为例进行讲解，具体型号为 TDS1001 或 TDS1102。

TDS1102 数字示波器是美国 Teftronix（泰克）公司生产的一款数字存储示波器，具有 40MHz 的带宽，双输入通道，500ms/s 的采样速率，支持 USB 闪存，体积小，量程大，功能全面易用等特点。

TDS1102 数字示波器可广泛应用于产品的设计与调试，在企业、学校的教育与培训，工厂的制造测试、质量控制、生产维修等活动中，是一种不可或缺的辅助设备。

主要技术参数：

- 显示器（1/4 VGA LCD）：单色。
- 带宽：40MHz。
- 各通道采样速率：500ms/s。
- 位置范围：2 ～ 200mV/DIV 或 200mV/DIV ～ 5V/DIV。
- 输入耦合：AC、DC、GND。
- 输入阻抗：1MΩ，与 20pF 并联。
- 时基范围：（5ns ～ 50s）/DIV。

二、**TDS1000 系列**（1102B、1001B）**数字示波器外观**

（1）TDS1102 数字示波器的面板按键如图 6-1 所示。

图6-1 TDS1102数字示波器的面板按键

（2）TDS1102 数字示波器的电源按键如图 6-2 所示。

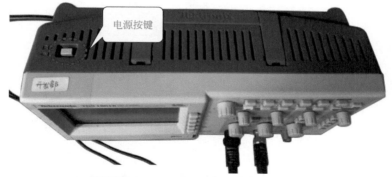

图6-2 TDS1102数字示波器的电源按键

（3）TDS1102 数字示波器的背面如图 6-3 所示。

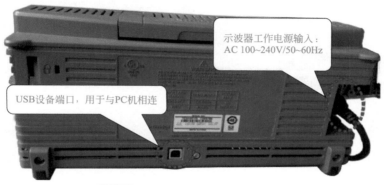

图6-3 TDS1102数字示波器的背面

三、TDS1102 数字示波器面板按键

TDS1102 数字示波器面板按键中、英文对照如图 6-4 所示。

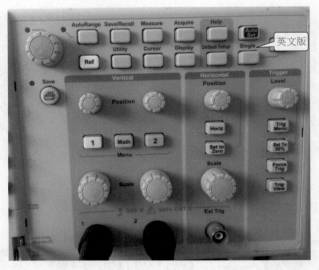

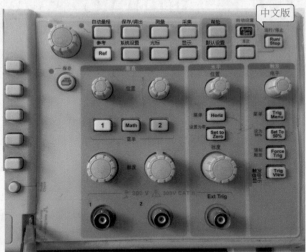

图6-4 TDS1102数字示波器面板按键中、英文对照

第二节　按键与旋钮接口的功能

一、功能键

功能键部分如图 6-5 所示。各功能键的定义如下。

图6-5　功能键部分

1. Run/Stop 键

Run/Stop：运行 / 停止。

• 示波器连续采集波形 / 示波器停止采集波形。

• 如果想静止观察某一波形时，可按一下该按钮；反之，则再按一次该按钮。

2. Auto Set 键

Auto Set：自动设置。

• 按下"自动设置"键时，示波器识别波形的类型并调整控制方式，从而显示出相应的输入信号。

3. Single 键

Single：单次序列。

• 示波器在采集单个波形后停止，示波器检测到某个触发后，完成采集然后停止。

• 每次按下 Single 键，示波器便会采集另一个波形。

4. Help 键

Help：帮助。

• 显示示波器的帮助系统，涵盖了示波器的所有功能。

• 帮助系统提供了多种方法来查找所需信息：上下文相关帮助、超级链接、索引。

5. Default Setup 键

Default Setup：默认设置。

• 调出示波器的出厂默认设置，示波器将显示 CH1 波形并清除其他所有波形。

6. Acquire 键

Acquire：采集。

• 设置采集参数，如采样、峰值检测、平均值、平均次数。

7. Display 键

Display：显示。

• 选择波形如何出现以及如何改变整个显示的外观，选项包括类型、持续、格式、对比度。

8. Measure 键

Measure：测量。

• 共有 11 种测量类型可供选择，一次最多可以显示 5 种，如频率、周期、平均值、峰 - 峰值、均方根值、最小值、最大值、上升时间、下降时间、正频宽、负频宽。

9. Cursor 键

Cursor：光标。

• 显示测量光标和光标菜单，使用多用途旋钮改变光标的位置，如幅度、时间、信源。

10. Save/Recall 键

Save/Recall：保存 / 调出。

• 储存示波器设置、屏幕图像或波形，或者调出示波器设置或波形。

• 包含多个子菜单，如全储存、存图像、存设置、存波形、调出设置、调出波形。

11. Utility 键

Utility：辅助功能。

· 显示示波器的辅助功能，如系统状态、选项、自校正、文件功能、语言。

12. AutoRange 键

AutoRange：自动量程。

· 显示自动量程菜单，并激活或禁用自动量程功能，自动量程激活时，旁边的 LED 变亮。

· 可以自动调整设置值以跟踪信号，如果信号发生变化，其设置将持续跟踪信号。

13. Ref 键

Ref：参考波形。

· 可以打开或关闭参考波形，该波形存储在示波器的非易失性存储器中。

· 可以同时显示一个或两个参考波形，但参考波形无法缩放或平移。

14. 多用途旋钮

· 当旋钮处于活动状态时，旁边的 LED 灯会亮。

· 多用途旋钮可以在示波器的多个功能菜单中使用，比较常用的是 Cursor（光标）菜单。

15. Save（Print）键（图 6-6）

Save（Print）：保存 / 打印（共用一个键）。

· 可以保存图像、设置、波形等，旁边的 LED 提示（点亮）可将数据存储到 UBS 闪存。

· 当示波器连接到打印机时，可以使用打印键打印屏幕图像。

图6-6 Save（Print）键

二、垂直控制区域按键功能

垂直控制区域按键功能如图 6-7 所示。

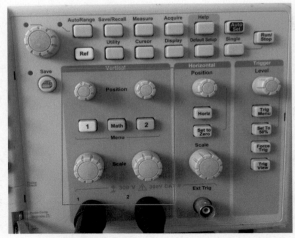

图6-7　垂直控制区域按键功能

在这个功能区里面，包括"Position"（垂直位置）、"VOLTS/DIV"（伏 / 格）、CH1 通道、CH2 通道、"CH1 Menu"（CH1 菜单）、"CH2 Menu"（CH2 菜单）、"Math Menu"（数学菜单）等内容。

 三、水平控制区域按键功能

水平控制区域按键功能如图 6-8 所示。

在水平控制区里面，包括有"Position"（水平位置）、"Horiz"（水平菜单）、"Set to Zero"（设置为 0）、"SEC/DIV"（秒 / 格）、"Ext Trig"（外部触发连接通道）等内容。

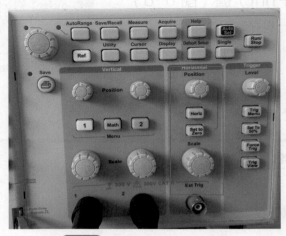

图6-8　水平控制区域按键功能

四、 触发控制区域按键功能

触发控制区域按键如图 6-9 所示。

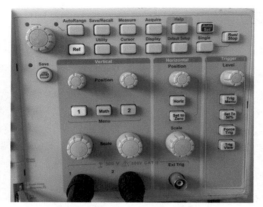

图6-9　触发控制区域按键

在触发控制区里面，包括有"Level"（触发电平）、"Trig Menu"（触发菜单）、"Set To 50%"（设为 50%）、"Force Trig"（强制触发）、"Trig View"（触发视图）等内容。

 五、 显示面板区域按钮功能

1. 右侧按钮功能

如图 6-10 所示，显示屏按钮，按提示选择具体的菜单内容或功能。

图6-10　显示屏按钮

2. Probe Check 探头检测功能

如图 6-11 所示，电压探头检测按钮，怀疑探头存在问题时，可按下此按钮进行检测。

3. USB 闪存驱动器端口功能

如图 6-12 所示，用于插入 USB 闪存驱动器，主要用来存储数据、波形等。

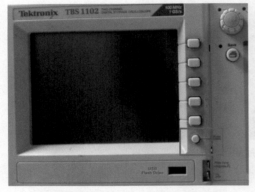

图6-11 Probe Check探头检测按钮

图6-12 USB闪存驱动器端口

4. Probe Comp 探头补偿功能

如图 6-13 所示，电压探头补偿的连接端，用于探头的检查，在示波器上可看到 5V、1kHz 的方波。

图6-13 Probe Comp探头补偿

第三节 泰克 TDS1102 示波器功能按键使用与操作

一、示波器检查

1. 功能检查

执行此功能检查来验证示波器是否正常工作。

（1）打开示波器电源。按下"Defaul T Setup"（默认设置）探头选项默认的衰减设置为 10×。

（2）在 P2220 探头上将开关设定到 10× 并将探头连接到示波器的通道 1 上，要进行此操作，请将探头连接器上的插槽对准"CH1 BNC"上的凸键，按下去即可连接，然后向右转动将探头锁定到位。将探头端部和基准导线连接到"探头补偿"终端上。

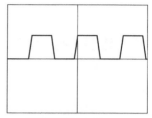

图6-14 自动设置

（3）按下"自动设置"按钮，在数秒钟内，应当可以看到频率为 1kHz 电压为 5V 峰 - 峰值的方波，按两次前面板上的"CH1 Menu（CH1 菜单）"按钮删除通道 1，按下"CH2 Menu（CH2 菜单）"按钮显示通道 2。对于四通道型号，对 CH3 和 CH4 重复以上步骤。如图 6-14 所示。

2. 探头安全性

使用探头之前，请查看并遵守探头的额定值。

CAT Ⅲ：配电电源，固定设备。

CAT Ⅱ：本地电源，电器、便携式设备。

CAT Ⅰ：特殊设备或设备部件，电信产品，电子产品的信号处理元件。

参考导线和接地线之间的最大电压为 30V：

10× 位置	1× 位置
300 Vᵣₘₛ CAT Ⅱ 或 300 V 直流 CAT Ⅱ	150 Vᵣₘₛ CAT Ⅱ 或 150 V 直流 CAT Ⅱ
150 Vᵣₘₛ CAT Ⅲ 或 150 V 直流 CAT Ⅲ	100 Vᵣₘₛ CAT Ⅲ 或 100 V 直流 CAT Ⅲ
420 V 峰值，< 50% DF，<1 s PW	210 V 峰值，< 50% DF，<1 s PW
670 V 峰值，< 20% DF，<1 s PW	330 V 峰值，< 20% DF，<1 s PW

P2220 探头主体周围的防护装置或手指防护装置如图 6-15 所示。

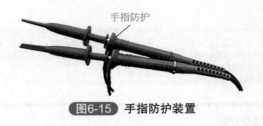

手指防护

图6-15 手指防护装置

警告：　　要在使用探头时避免电击，应使手指保持在探头主体上防护装置的后面。要在使用探头时避免电击，在探头连接到电压电源时不可接触探头顶部的金属部分。进行任何测量前，将探头连接到示波器并将接地端接地。

3. 电压探头检查

可以使用探头检查向导来验证电压探头是否操作正常，该向导不支持电流探头。

该向导帮助用户调节电压探头的补偿（通常使用调节探头主体上的螺丝或探头连接器），设置每个通道的衰减选项系统，例如"CH1 Menu（CH1 菜单）"的"探头""电压""衰减"选项。

每次将电压探头连接到输入通道时，都应该使用探头检查向导。要使用探头检查向导，请按下"Probe Check（探头检测）"按钮。如果电压探头连接正确、补偿正确，而且示波器"垂直"菜单中的"衰减"选项设为与探头相匹配，示波器就会在屏幕的底部显示一条"合格"信息。否则，示波器会在屏幕上显示一些指示，指导用户纠正这些问题。

说明：　　探头检查向导适用于 1×、10×、20×、50× 和 100× 探头。不适用于 500× 和 1000× 探头，以及连接到 Ext Trig（外部触发）的 BNC 探头。

该过程完成后，探头检查向导将示波器设置恢复到用户按下"Probe Check（探头检测）"按钮之前的设置（"探头"选项除外）。

方法：手动探头补偿

作为探头检查向导的替代方法，可以手动执行此调整来匹配探头和输入通道。

① 按下"CH1 Menu（CH1 菜单）"的"探头""电压""衰减"选项并

选择 10×。在 P2220 探头上将开关调整到 10× 并将探头连接到示波器的通道 1 上。如果使用探头钩式端部，请确保钩式端部牢固地插在探头上。

②将探头端部连接到探头元件——5V@1kHz 连接器，将基准导线连接到"探头元件接地"连接器上显示通道，然后按下"自动设置"按钮。

③检查所显示波形的形状，如图 6-16 所示。

④如有必要，请调整探头。显示 P2220 探头输入波形为"补偿正确"。必要时重复操作。如图 6-17 所示。

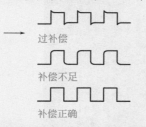

过补偿

补偿不足

补偿正确

图6-16　检查所显示波形的形状

图6-17　调整探头

4. 探头衰减设置

说明："衰减"选项的默认设置为 10×。

探头有不同的衰减系统，它影响信号的垂直刻度。"探头检查"功能验证探头衰减选项是否与探头的衰减匹配。

作为"探头检查"的替代方法，还可以手动选择与探头衰减相匹配的系数。例如，要与连接到 CH1 的设置为 10× 的探头相匹配，请按下"CH1 Menu（CH1 菜单）"的"探头""电压""衰减"选项，然后选择 10×。

如果更改 P2220 上的"衰减"开关，则必须更改示波器"衰减"选项来与之匹配。开关设置为 1× 和 10×。如图 6-18 所示。

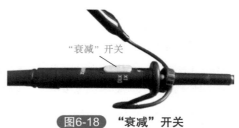

"衰减"开关

图6-18　"衰减"开关

说明：当"衰减"开关设置为 1× 时，P2220 探头将示波器的带宽限制到 6MHz。要使用示波器的全带宽，请确保将开关设定到 10×。

二、泰克 TDS1102 示波器的操作

1. 显示界面

如图 6-19 所示，解释如下。

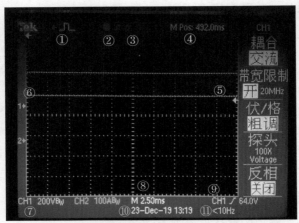

图6-19 显示界面

① 表示获取方式。

⊓⊔：采样方式。

⊓⊔：峰值检测方式。

⊓：平均值方式。

② 表示触发状态。

□ Armed.：示波器正在采集预触发数据。在此状态下忽略所有触发。

R Ready.：示波器已采集所有预触发数据并准备接受触发。

T Trig'd.：示波器已发现一个触发，并正在采集触发后的数据。

● Stop.：示波器已停止采集波形数据。

● Acq. Complete：示波器已经完成"单次序列"采集。

R Auto.：示波器处于自动方式并在无触发状态下采集波形。

□ Scan.：在扫描模式下示波器连续采集并显示波形。

③ 显示触发位置，旋转"水平位置"旋钮可以调整。

④ 标记位置。

⑤ 显示边沿或脉冲宽度触发电平的标记。

⑥ 屏幕上的标记，指明所显示波形的地线基准点。如没有标记，不会显示通道。

⑦ 表示输入通道及垂直刻度系数。

⑧ 显示主时基设置。

⑨ 显示触发使用的触发源及触发类型。

◢：上升沿的边沿触发。

◣：下降沿的边沿触发。

◣◥：行同步的视频触发。

◼▬：场同步的视频触发。

Π：脉冲宽度触发，正极性。

Ц：脉冲宽度触发，负极性。

⑩ 显示日期和时间。

⑪ 显示触发频率。

②. 按键操作

（1）垂直控制区　包括 CH1 通道、CH2 通道、伏 / 格（VOLTS/DIV）旋钮、垂直位置旋钮、CH1 菜单、CH2 菜单、数学菜单。

① 伏 / 格旋钮：可以使用伏 / 格旋钮控制示波器放大或衰减通道波形的倍源信号。如图 6-20 所示。

② 垂直位置旋钮：可以使用垂直位置旋钮在屏幕上上下移动通道波形。

要比较数据，可以将一个波形排列在另一个波形的上面或者可以把波形相互叠放在一起，如图 6-21 所示。

图6-20　伏/格旋钮

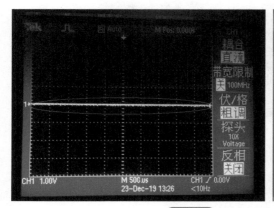

图6-21　垂直位置旋钮

CH1 菜单（CH2 菜单与 CH1 菜单类似）：按下"CH1 菜单"，可以打开耦合、带宽限制、伏/格、探头、反相等设置选项，如图 6-22 所示。

消除波形：要从显示消除波形，请按下通道菜单面板按钮，例如按下"CH1 Menu（CH1 菜单）"键可以显示或消除通道 1 波形。

耦合：直流、交流、接地，如图 6-23 所示。

注释： 直流：既流过输入信号的交流分量，又通过它的直流分量。
交流：将阻止直流分量，并衰减低于 10Hz 的信号。
接地：会断开输入信号。

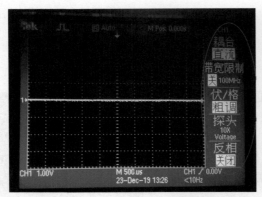

图6-22 CH1菜单

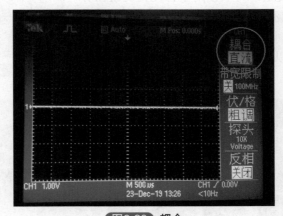

图6-23 耦合

带宽限制：100MHz、关，如图 6-24 所示。

注释： 限制带宽，以便减小显示噪声；过滤信号，以便减小噪声和其他多余的高频分量。

伏 / 格：粗调、细调，如图 6-25 所示。

注释：　　　选择"伏 / 格"旋钮的分辨率。粗调定义一个 1—2—5 序列。细调将分辨率改为粗调设置间的小步进。

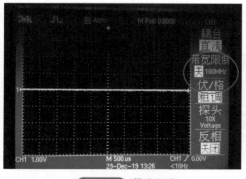

图6-24　带宽限制　　　　　　　　　　　图6-25　伏/格

探头：按下后可调整探头选项，如图 6-26 所示。

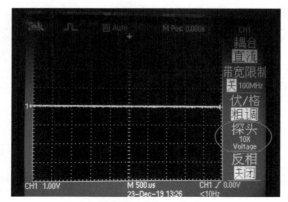

图6-26　探头选项

- 探头选项：探头、电压、衰减。
- 设置：1×、10×、20×、50×、100×、500×、1000×。
- 返回：返回到前一菜单。

注释：　　　将其设置为与电压探头的衰减系数相匹配，以确保获得正确的垂直读数。

注意：另外还有电流选项，因较少使用，不再叙述。
反相：开启、关闭，如图 6-27 所示。

注释： 相对于参考电平反相（倒置）波形。

数学菜单：如图 6-28 所示，按下数学菜单，可以显示波形的数学运算；再次按下数学菜单，可以取消波形的数学运算。选项及注释见表 6-1，运算见表 6-2。

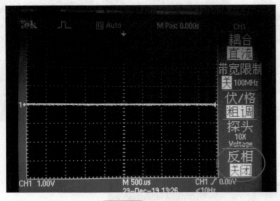

图6-27 反相

图6-28 数学菜单

表6-1 数学菜单选项及注释

选 项	注 释
+、−、×、FFT	数学运算
信源	用于运算的信源
位置	使用多用途旋钮设置产生的数学波形的垂直位置
垂直刻度	使用多用途旋钮设置产生的数学波形的垂直刻度

表6-2 波形的数学运算

运 算	信源选项	注 释
+（加）	CH1+CH2	通道 1 和通道 2 相加
−（减）	CH1−CH2	从通道 1 的波形中减去通道 2 的波形
	CH2−CH1	从通道 2 的波形中减去通道 1 的波形
×（乘）	CH1×CH2	通道 1 和通道 2 相乘
FFT	数学计算"FFT"（快速博立叶变换）	

波形单位组合将决定数字波形的最终单位，见表 6-3。

表6-3　数字波形单位

CH1 波形单位	CH2 波形单位	运算	最终数字单位
V	V	+ 或 –	V
A	A	+ 或 –	A
V	A	+ 或 –	—
V	V	×	VV
A	A	×	AA
V	A	×	V·A

（2）水平控制区　包括水平位置旋钮、水平菜单、设置为0按钮、"秒/格"旋钮、外部信源输入端口秒/格旋钮，用于改变水平时间刻度，以便放大或压缩波形。如图6-29所示。

"秒/格"旋钮：从5ns/格～50s/格，按序列1、2.5、5排列。

设置为0按钮：用来将水平位置设置为0。如图6-30所示。

图6-29　"秒/格"旋钮

图6-30　水平位置设置

水平菜单：包括主时基、视窗设定、视窗扩展、设置释抑，见表6-4。

表6-4　水平菜单选项与注释

选　项	注　释
主时基	水平主时基设置用于显示波形
视窗设定	两个光标定义一个视窗设定，用"水平位置"和"秒/格"控制调整"视窗设定"
视窗扩展	改变显示以便在窗口中显示波形段（扩展到屏幕的宽度）
设置释抑	显示释抑值：按下选项按钮，然后用多用途旋钮调节

说明：靠近显示屏右上方的读数以秒为单位显示当前的水平位置，M 表示"主时基"，W 表示"视窗时基"，示波器还在刻度顶端用一个箭头图标来表示水平位置。

水平位置旋钮：如图 6-31 所示，用来控制触发显示在屏幕中心的附近。

图6-31 水平位置旋钮

图6-32 触发电平旋钮

（3）触发控制区 包括触发电平旋钮、触发菜单、设为 50% 按钮、强制触发按钮、触发视图按钮。

触发电平旋钮：如图 6-32 所示，用于控制触发电平。

触发菜单：如图 6-33 所示，包括触发类型、信源、斜率、触发方式、耦合。

图6-33 触发菜单

- 触发类型：见表 6-5。
- 信源：CH1、CH2、Ext、Ext/5、市电。将输入信源选为触发信号。见表 6-6。

- 斜率：上升、下降。选择触发信号的上升边沿或下降边沿。
- 触发方式：自动、正常。选择触发类型。

表6-5　触发类型

类　型	注　释
边沿（默认）	当信号跨过触发电平（阈值）时，在输入信号的上升边沿或下降边沿触发示波器
视频	显示 NTSC 或 PAL/SECAM 标准复合视频波形；由视频信号的场或线触发
脉冲	正常或异常脉冲触发

当示波器根据"秒／格"的设定在一定时间内未检测到触发时，"自动"模式（默认）会强制其触发。使用"自动"模式可以在没有有效触发时自由采集，此模式允许在 100ms/DIV 或更慢的时基设置下发生未经触发的扫描波形。

仅当示波器检测到有效的触发条件时，"正常"模式才会更新显示波形。在用新波形替换原有波形之前，示波器将显示原有波形。当仅想查看有效触发的波形时，才使用"正常"模式，使用此模式时，示波器只有在第一次触发后才显示波形。

表6-6　信源选择

信源选择	详细信息
CH1、CH2	不论波形是否显示，都会触发某一通道
Ext	不显示触发信号，Ext 选项使用连接到 Ext Trig（外部触发）前面板 BNG 的信号，允许的触发范围是 +4V ～ −4V
Ext/5	与 Ext 选项一样，但以系数 5 衰减信号，允许的触发电平范围是 +8V ～ −8V，扩大了触发电平范围
市电	使用从电源线获得的信号作为触发源，触发耦合设置为"直流"，触发电平设置为 0 伏。 当需要分析与电源线（如照明装置和电源设置）频率有关的信号时，可以使用"市电"，示波器会自动生成触发，将 Trigger Coupling（触发耦合）设置为"直流"，将 Trigger Level（触发电平）设置为 0

- 耦合：交流、直流、噪声抑制，高频抑制，低频抑制。选择应用在触发电路上的触发信号的分量。耦合可以过滤用来触发采集的触发信号。见表 6-7。

表6-7　耦合选项

耦合选项	详细信息
直流	通过信号的所有分量
噪声抑制	向触发电路增加磁滞。这将降低灵敏度，该灵敏度用于减小错误地触发噪声的机会
高频抑制	衰减 80kHz 以上的高频分量
低频抑制	阻碍直流分量，并衰减低于 300kHz 的低频分量
交流	阻碍直流分量，并衰减 10Hz 以下的信号

设为 50% 按钮：如图 6-34 所示。

图6-34 设为50%按钮

使用"Set To 50%（设为50%）"按钮可以快速稳定波形。示波器可以自动将"触发电平"设置为大约是最小和最大的电压的一半。当把信号连接到 Ext Trig（外部触发）BNC 并将触发信源设置为 Ext 或 Ext/5 时，此按钮很有用。

强制触发按钮：如图 6-34 所示"Force Trig"按钮。

无论示波器是否检测到触发，都可以使用"强制触发"按钮完成波形采集。对于 Single（单次序列）采集和"正常"触发模式，此按钮很有用（在"自动"触发模式中，如果未检测到触发，则示波器会定期自动强制触发）。

触发视图按钮：如图 6-34 所示"Trig View"按钮。

Trig View（触发视图）按钮：可以使用 Trigger View（触发视图）模式在示波器上显示满足条件的触发信号，可以使用此模式来查看以下类型的信息：

• "触发耦合"选项的效果。
• "市电"触发源［仅 Edge Trigger（边沿触发）］。
• 与 Ext Trig（外部触发）ENC 连接的信号。

说明：　这是唯一必须持续按住才能使用的按钮，按住"Trig View"按钮时，其他唯一能够使用的按钮是"Print（打印）"按钮，示波器将禁用所有其他前面板按钮，但旋钮仍是活动的。

（4）采集菜单（ACQUIRE）　如图 6-35 所示。

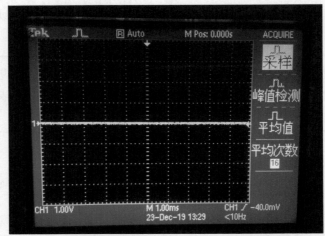

图6-35 采集菜单（ACQUIRE）

• 采集：按下"Acquire（采集）"按钮设置采集参数。

- 采样：用于采集和精确显示多数波形，这是默认方式。
- 峰值检测：用于检测毛刺并减少假波现象的可能性。

平均值：用于减少信号显示中的随机或不相关的噪声。平均值的数目是可选的。

平均次数：选择平均值的数目。

（5）显示菜单（DISPLAY）　如图 6-36 所示。

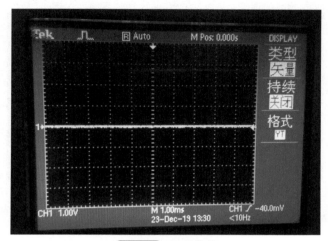

图6-36　显示菜单

显示：按下"Disply（显示）"按钮选择波形如何出现以及如何改变整个显示的外观。见表 6-8。

表6-8　显示菜单选项

选项	设置	注释
类型	矢量、点	"矢量"设置将填充显示中相邻采样点间的空白；"点"设置只显示采样点
持续	关闭、1s、2s、5s、无限	设定保持每个显示的采样点显示的时间长度
格式	YT、XY	YT 格式显示相对于时间（水平刻度）的垂直电压； XY 格式显示每次在通道 1 和通道 2 采样的点：通道 1 的电压或电流确定点的 X 坐标（水平），而通道 2 的电压或电流稳确 Y 坐标
对比度	0～100%	能够容易地从余辉中辨别通道波形

（6）测量菜单（MEASURE）　如图 6-37 所示。

测量：按下"Measlre（测量）"按钮可以进行自动测量。有十一种测量类型。

按下顶部的选项按钮可以显示 MEASURE1（测量 1）菜单。可以在"信源"选项中选择在其上进行测量的通道。可以在"类型"选项中选择采用的测量类型。按下"返回"按钮可以返回到"MEASURE（测量）"菜单并显示选定的测量。

关键要点如图 6-37 所示。

一次最多可以显示五种自动测量。波形通道必须处于"打开"（显示的）状态，以便进行测量。对于参考波形，在使用 XY 模式或扫描模式时，无法进行自动测量。测量每秒大约更新两次。

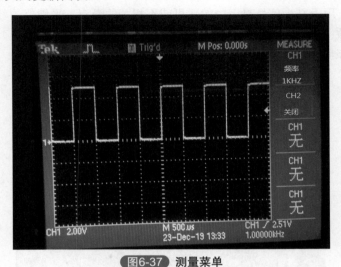

图6-37 测量菜单

（7）光标菜单（CURSOR） 光标如图 6-38 所示。

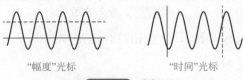

"幅度"光标　　　　　　　　　"时间"光标

图6-38 光标

按下"Cursor（光标）"按钮显示测量光标和光标菜单，然后使用多用途旋钮改变光标的位置。见表 6-9。

表6-9 光标菜单选项

选项	设置	注释
类型	时间、幅度、关闭	选择并显示测量光标。"时间"测量时间和频率；"幅度"测量幅度，例如电流或电压
信源 A	CH1、CH2、MATH、REFA、REFB	选择波形进行光标测量，光标读数显示测量值
光标 1		显示光标间的绝对差值（增量）
光标 2		显示选定光标的位置（时间参考触发位置，幅度参考基准连接）

说明：　　当使用光标时，示波器为每个波形显示时间值和幅度值；示波器必须显示波形，才能出现光标和光标读数。

光标移动：使用多用途旋钮移动光标 1、光标 2，还可以仅在显示光标菜单时移动光标，活动光标以实线表示。

（8）保存/调出菜单（SAVE-REC）　如图 6-39 所示。

按下"Save/Recall（保存/调出）"按钮可以储存示波器设置、屏幕图像或波形，或者调出示波器设置或波形。

保存/调出菜单由许多子菜单构成，可以通过"动作"选项访问这些子菜单。每个"动作"选项显示一个菜单，通过该菜单，可以进一步定义保存或调出功能。

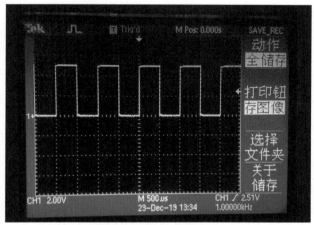

图6-39　保存/调出菜单

（9）辅助功能菜单（UTILITY）　如图 6-40 所示。

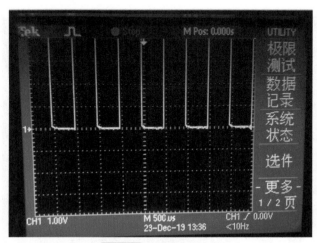

图6-40　辅助功能菜单

按下"Utility（辅助功能）"按钮可以显示"UTILITY（辅助功能）"菜单。选项见表 6-10。

表6-10 辅助功能菜单选项

选项	设置	注释
系统状态	其他	示波器设置概要 显示型号、制造商序列号、连妆的适配器、GPIB 设置地址、固件版本及其他信息
选件	显示样式	设置屏幕数据为白底黑字，或黑底白字
	打印机设置	更改打印机设置
	GPIB 设置 - 地址	设置 TEK-USB-488 适配器的 GPIB 地址
	设日期和时间	设日期和时间
	故障记录	显示记录的所有错误的清单以及开关电源的次数。 当与 Tektronix Service Center（泰克维修中心）联系获得帮助时，此记录很有用
自校正		执行自校正
文件功能		显示文件夹、文件和 USB 闪存驱动器选择项
语言	英语、法语、德语、意大利语、西班牙语、日语、葡萄牙语、简本中文和韩语	选择示波器的显示语言

（10）自动量程菜单（AUTORANGE） 如图 6-41 所示。

按下"自动量程"按钮时，示器可激活或禁用自动量程功能。"自动量程"按钮旁将变亮，表明该功能处于活动状态。

该功能可以自动调整设置值以跟踪信号，如果信号发生变化，其设置将持续跟踪信号，示波器通电后，自动量程设置始终是非活动的。

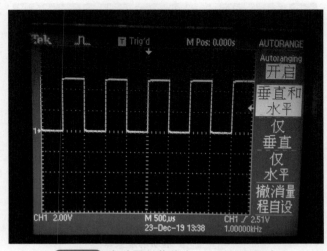

图6-41 自动量程菜单（AUTORANGE）

（11）参考菜单 如图 6-42 所示。

参考菜单可以打开或关闭显示参考内存波形。波形存储在示波器的非易失性存储器中，并具有下列名称：Ref A、Ref B、Ref C 和 Ref D（Ref C 和 Ref D 仅在 4 通道示波器上可用）。

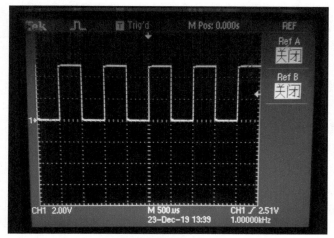

图6-42 参考菜单

要显示（调出）或隐藏参考波形，请执行以下步骤：

① 按下"Ref Menu（参考波形）"前面板按钮。

② 按下"Ref Option（参考选项）"选项按键选择要显示或隐藏的参考波形。

参考波形具有下列特性：

① 在彩色示波器上，参考波形以白色显示。

② 在单色示波器上，参考波形以较"活动"通道波形低的亮度显示。

③ 可以同时显示两个参考波形。

④ 垂直和水平刻度读数显示在屏幕的底部。

⑤ 参考波形无法缩放或平移。

可以同时显示一个或两个参考波形为"活动"通道波形。如果显示两个参考波形，则必须隐藏一个波形之后才能显示另一个波形。

第四节 测试实例

一、简单测量

要查看电路中的某个信号，但又不了解该信号的幅垍或频率，希望快速显示该信号，并测量其频率、周期和峰-峰值幅度。如图 6-43 所示。

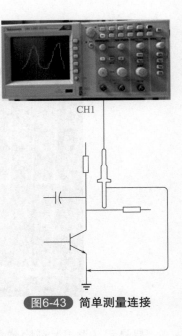

使用"自动设置"。要快速显示某个信号，可按如下步骤进行：

① 按下"1"（通道1菜单）按钮。

② 按下"探头""电压""衰减"10×。

③ 如果使用 P2220 探头，请将其开关设置到10×。

④ 将通道1的探头端部与信号连接，将基准号线连接到电路基准点。

⑤ 按"Autoset（自动设置）"按钮。

示波器自动设置垂直、水平和触发控制。如果要优化波形的显示，可手动调整上述控制。

图6-43 简单测量连接

 说明： 示波器根据检测到的信号类型在显示屏的波形区域中显示相应的自动测量结果。

二、自动测量

进行自动测量，如图 6-44 所示。示波器可自动测量多数显示的信号。

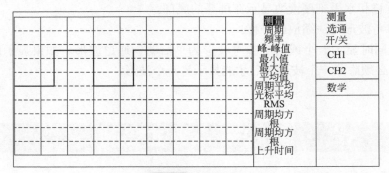

图6-44 自动测量

 说明： 如果"值"读数中显示问号"？"，则表明信号在测量范围之外，调节相应通道的"垂直标度"旋钮（伏/格）以降低敏感度，或者更改"水平标度"设置（秒/格）。

要测量信号的频率、周期、峰 - 峰值幅度、上升时间以及正频宽，请遵循以下步骤进行操作。

① 按下"Measure（测量）"按钮以查看"测量菜单"。

② 按下通道 1 或 2 按钮，将在左侧显示测量菜单。

③ 旋转"通用"旋钮加亮显示所需测量。按旋钮可选择所需的测量。"值"读数将显示测量结果及更新信息。

④ 按通道 1 或 2 按钮可选择其他测量，一次最多可以在屏幕上显示六种测量。

 ## 三、双通道测量

测量两个信号：如果正在测试一台设备，并需要测量音频放大器的增益，则需要一个音频发生器，将测试信号连接到放大器输入端，将示波器的两个通道分别与放大器的输入和输出端相连，测量两个信号的电平，并使用测量结果计算增益的大小。如图 6-45 所示。

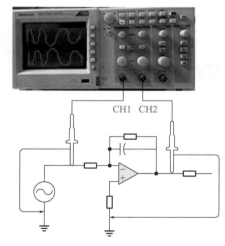

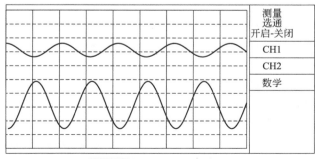

图6-45 双通道测量及显示

要激活并显示连接到通道 1 和通道 2 的信号，并选择两个通道进行测量，请执行以下步骤：

① 按"Autoset（自动设置）"按钮。

② 按下"Measure（测量）"按钮以查看"测量菜单"。

③ 按下 CH1 侧面菜单，将在左侧显示测量类型弹出菜单。

④ 旋转"通用"旋钮加亮显示"峰 - 峰值"。

⑤ 按下"通用"旋钮选择"峰 - 峰值"，菜单项旁边将显示选中状态，显示屏的底部将显示通道 1 的峰 - 峰值测量。

⑥ 按下 CH2 侧面菜单，将在左侧显示测量类型弹出菜单。

⑦ 旋转"通用"旋钮加亮显示"峰 - 峰值"。

⑧ 按下"通用"旋钮选择"峰 - 峰值"，菜单项旁边将显示选中状态，显示屏的底部将显示通道 2 的峰 - 峰值测量。

⑨ 读取两个通道的峰 - 峰值幅度。

⑩ 要计算放大器电压增益，可使用以下公式：

$$电压增益 = 输出幅度 / 输入幅度$$

$$电压增益（dB）=20×lg（电压增益）$$

四、使用自动量程检测测试点

如果计算机出现故障，则需要找到若干测试点的频率和 RMS 电压，并将这些值与理想值相比较。用户不能访问前面板控制，因为在探测很难够得着的测试点时，必须两手并用。

① 按下"1"（通道 1 菜单）按钮。

② 按下"探头"→"电压"→"衰减"。通过旋转并按下"通用"旋钮，从弹出的可选值列表选择连接到通道 1 的探头衰减。

③ 按下"自动设置"按钮超过 1.5s 以激活自动量程，并选择"垂直和水平"选项。

④ 按下"Measure（测量）"按钮以查看"测量菜单"。

⑤ 按下"CH1"。

⑥ 旋转"通用"旋钮选择"频率"。

⑦ 按下"CH2"。

⑧ 旋转"通用"旋钮选择"周期 RMS"。

⑨ 将探头端部和基准导线连接到第一个测试点，读取示波器显示的频率和周期均方根测量值，并与理想值相比较。

⑩ 对每个测试点重复之前的步骤，直到找到出现故障的组件。

说明：　　　自动量程有效时，每当探头移动到另一个测试点，示波器都会重新调节水平刻度、垂直刻度和触发电平，以保证有用的显示。

用光标测量信号的频率、幅度及宽度

要测量某个信号上升沿的振荡频率和幅度，请执行以下步骤：

① 按下"Cursor（光标）"前面板按钮以查看光标菜单。

② 按下"类型"侧面菜单按钮，将出现弹出菜单，显示可用光标类型的可滚动列表。

③ 旋转"通用"旋钮加亮显示"时间"。

④ 按下"通用"旋钮选择"时间"。

⑤ 按下"信源"侧面菜单按钮，将出现弹出菜单，显示可用信源的可滚动列表。

⑥ 旋转"通用"旋钮加亮显示 CH1。

⑦ 按下"通用"旋钮选择 CH1。

⑧ 按下"光标 1"选项按钮。

⑨ 旋转"通用"旋钮，将光标置于振荡的第一个波峰上。

⑩ 按下"光标 2"选项按钮。

⑪ 旋转"通用"旋钮，将光标置于振荡的第二个波峰上。

可以从光标菜单中查看时间和频率的增量（Δt、$1/\Delta t$）（测量所得的振荡频率）。如图 6-46 所示。

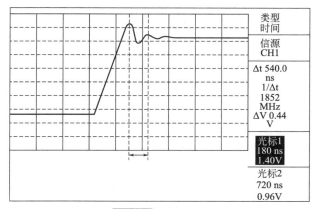

图6-46　光标应用

⑫ 按下"类型"侧面菜单按钮，将出现弹出菜单，显示可用光标类型的可滚动列表。

⑬ 旋转"通用"旋钮加亮显示"幅度"。

⑭ 按下"通用"旋钮选择"幅度"。

⑮ 按下"光标 1"选项按钮。

⑯ 旋转"通用"旋钮，将光标置于振荡的第一个波峰上。

⑰ 按下"光标 2"选项按钮。

⑱ 旋转"通用"旋钮，将光标 2 置于振荡的最低点上，在光标菜单中将显示振荡的振幅。如图 6-47 所示。

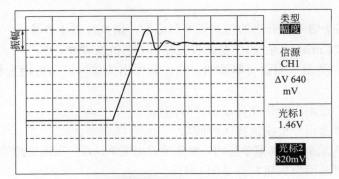

图6-47 测量振荡幅度

如果正在分析某个脉冲波形，并且要知道脉冲的宽度，请执行以下步骤：

① 按下"Cursor（光标）"按钮以查看光标菜单。

② 按下"类型"侧面菜单按钮，将出现弹出菜单，显示可用光标类型的可滚动列表。

③ 旋转"通用"旋钮加亮显示"时间"。

④ 按下"通用"旋钮选择"时间"。

⑤ 按下"光标 1"选项按钮。

⑥ 旋转"通用"旋钮，将光标置于脉冲的上升边沿。

⑦ 按下"光标 2"选项按钮。

⑧ 旋转"通用"旋钮，将光标置于脉冲的下降边沿。此时可以从光标菜单中看到以下测量结果：

• 光标 1 处相对于触发的时间。

• 光标 2 处相对于触发的时间。

• 表示脉冲宽度测量结果的时间（增量）。

说明： "正频宽"测量可作为测量菜单中的自动测量。如图 6-48 所示。

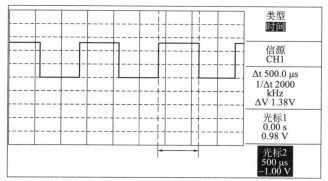

類型
时间

信源
CH1

Δt 500.0 μs
1/Δt 2000
kHz
ΔV 1.38V

光标1
0.00 s
0.98 V

光标2
500 μs
−1.00 V

图6-48 测量脉冲宽度

测量脉冲宽度后，可能还需要检查脉冲的上升时间，通常情况下，应当测量波形电平的 10% 和 90% 之间的上升时间。要测量上升时间，可执行以下步骤：

① 旋转"水平标度"（秒 / 格）旋钮以显示波形的上升边沿。

② 旋转"垂直标度"（伏 / 格）和"垂直位置"旋钮，将波形振幅大约 5 等分。

③ 按下"1"（通道 1 菜单）按钮。

④ 按下"伏 / 格"→"细调"。

⑤ 旋转"垂直标度"（伏 / 格）旋钮，将波形幅度准确地设为 5 格。

⑥ 旋转"垂直位置"旋钮使波形居中，将波形基线定位到中心刻度线以下 2.5 等分处。

⑦ 按下"Cursor（光标）"按钮以查看光标菜单。

⑧ 按下"类型"侧面菜单按钮，将出现弹出菜单，显示可用光标类型的可滚动列表。

⑨ 旋转"通用"旋钮加亮显示"时间"。

⑩ 按下"通用"旋钮选择"时间"。

⑪ 按下"信源"侧面菜单按钮，将出现弹出菜单，显示可用信源的可滚动列表。

⑫ 旋转"通用"旋钮加亮显示 CH1。

⑬ 按下"通用"旋钮选择 CH1。

⑭ 按下"光标 1"选项按钮。

⑮ 旋转"通用"旋钮，将光标置于波形与屏幕中心下方第二条刻度线的相交点处，这是波形电平的 10%。

⑯ 按下"光标 2"选项按钮。

⑰ 旋转"通用"旋钮，将光标置于波形与屏幕中心上方第二条刻度线的相交点处，这是波形电平的 90%。

光标菜单中的 Δt（增量）读数即为波形的上升时间。如图 6-49 所示。

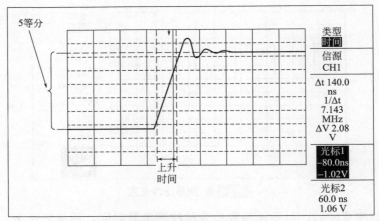

图6-49 测量波形上升时间

 六、 分析信号信息

当示波器上显示一个噪声信号时，需要了解其详细信息，怀疑此信号包含了许多无法从显示屏上观察到的信息。如图 6-50 所示。

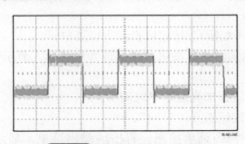

图6-50 分析信号的详细信息

观察噪声信号：信号显示为一个噪声时，怀疑此噪声导致电路出现了问题，要更好地分析噪声，可执行以下步骤：

① 按下"Acquire（采集）"按钮以查看"采集"菜单。

② 按下"峰值检测"选项按钮。

峰值测量侧重于信号中的噪声尖峰和干扰信号，特别是使用较慢的时基设置时。

 七、 将信号从噪声中分离

要分析信号形状，并忽略噪声，需要减少示波器显示屏中的随机噪声，可执行以下步骤：

① 按下"Acquire（采集）"按钮以查看采集菜单。

② 按下"平均值"选项按钮。

③ 旋转"通用"旋钮，加亮显示弹出菜单中的不同平均数，按下旋钮选择不同数字时，可查看改变运行平均操作的次数对显示波形的影响。

平均操作可降低随机噪声，并且更容易查看信号的详细信息。如图 6-51 所示显示了去除噪声后信号上升边沿和下降边沿上的振荡。

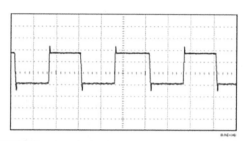

图6-51　去除噪声后信号上升边沿和下降边沿上的振荡

八、捕获单脉冲信号

某台设备中簧片继电器的可靠性非常差，需要解决此问题，怀疑是电器打开时簧片触点会出拉弧现象。打开和关闭继电器的最快速度是每分钟一次，所以需要将通过继电器的电压作为一次单触发信号来采集。

要设置示波器以采集单次信号，请执行以下步骤：

① 旋转"垂直标度"（伏 / 格）和"水平标度"（秒 / 格）旋钮，达到所期望得到信号的合适范围。

② 按下"Acquire（菜单）"按钮以查看采集菜单。

③ 按下"峰值检测"选项按钮。

④ 按下"触发菜单"按钮以查看触发菜单。

⑤ 按下"斜率"。

⑥ 旋转"通用"旋钮，加亮显示弹出菜单中的"上升"。按下旋钮选择选项。

⑦ 旋转前面板"电平"旋钮，将触发电平调整为继电器打开和关闭电压之间的中间电压。

⑧ 按下"Single（单次）"按钮开始采集。

继电器打开时，示波器触发并采集事件。如图 6-52 所示。

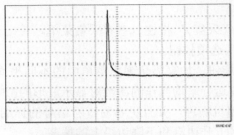

图6-52 捕获单脉冲信号

九、 优化采集

初始采集信号显示继电器触点在触发点处打开，随后有一个大的尖峰，表示触点回弹且在电路中存在电感。电感会使触点拉弧，从而导致继电器过早失效。

在捕获下一个单次事件之前，可使用垂直控制、水平控制和触发控制来优化设置。使用新设置捕获到下一个采集信号后［再次按下"Single（单次）"按钮］，可看到当打开触点时，触点回弹多次。如图 6-53 所示。

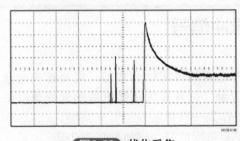

图6-53 优化采集

十、 测量传播延迟

怀疑某个微处理器电路中的内存定时处于不稳定状态，设置示波器以测量芯片选择信号与内存设备数据输出之间的传播延迟。如图 6-54 所示。

要设置示波器以测量传播延迟，可执行以下步骤：

① 按下"自动设置"按钮，触发一个稳定的显示。

② 调整水平控制和垂直控制，优化波形显示。

③ 按下"Cursor（光标）"按钮以查看光标菜单。

④ 按下"类型"侧面菜单按钮，将出现弹出菜单，显示可用光标类型的可滚

动列表。

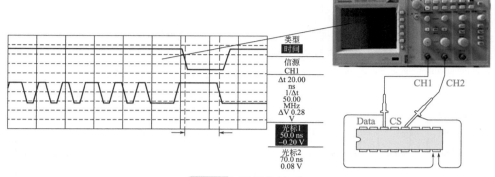

类型
时间

信源
CH1
Δt 20.00
ns
1/Δt
50.00
MHz
ΔV 0.28
V
光标1
50.0 ns
−0.20 V
光标2
70.0 ns
0.08 V

图6-54 测量传播延迟

⑤ 旋转"通用"旋钮加亮显示"时间"。

⑥ 按下"通用"旋钮选择"时间"。

⑦ 按下"信源"侧面菜单按钮，将出现弹出菜单，显示可用信源的可滚动列表。

⑧ 旋转"通用"旋钮加亮显示 CH1。

⑨ 按下"通用"旋钮选择 CH1。

⑩ 按下"光标 1"选项按钮。

⑪ 旋转"通用"旋钮，将光标置于芯片选择信号的有效边沿上。

⑫ 按下"光标 2"选项按钮。

⑬ 旋转"通用"旋钮，将第二个光标置于数据输出边延上。

光标菜单中的 Δt 读数即为波形之间的传播延迟。读数是有效的，因为两个波形具有相同的水平刻度（秒 / 格）设置。

 根据特定脉冲宽度触发

要测试脉冲宽度是否出现异常，可执行以下步骤：

① 按下"自动设置"按钮，触发一个稳定的显示。

② 按下"自动设置"菜单中的单周期⌐⌐选项，以查看信号的单个周期并快速进行脉冲宽度测量。

③ 按下"触发菜单"按钮以查看"触发"菜单。

④ 按"类型"。

⑤ 旋转"通用"旋钮，加亮显示弹出菜单中的"脉冲"，按下旋钮选择选项。

⑥ 按下"信源"。

⑦ 旋转"通用"旋钮，加亮显示弹出菜单中的 CH1，按下旋钮选择选项。

⑧ 旋转"触发电平"旋钮，将触发电平设在接近信号底部的位置。

⑨ 按下"当"→"="（等于）。

⑩ 按下"脉宽"。

⑪ 旋转"通用"旋钮，将脉冲宽度设为在步骤②中所测量的脉宽值。

⑫ 按下"更多"→"触发方式"→"正常"。

示波器由正常脉冲触发，因而波形显示应当稳定。如图 6-55 所示。

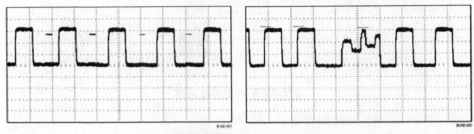

图6-55 显示稳定波形

 说明： 触发频率读数显示，示波器可能认为是一个触发器的事件的频率，并可能小于脉冲宽度触发模式下输入信号的频率。

十二、 视频信号触发

正在测试某台医疗设备中的视频电路，并且需要显示视频输出信号。视频输出为 NTSC 标准信号。使用视频触发可获得稳定的显示波形。如图 6-56 所示。

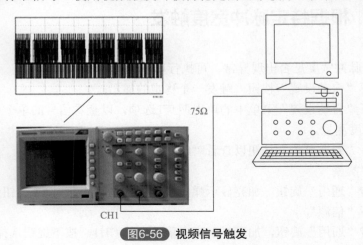

图6-56 视频信号触发

> 说明: 多数视频系统使用 75Ω 电缆线路。示波器输入端不能直接端接到低阻抗电缆上。要避免由于负载不当和因反射而引起的幅度误差,可在信号源的 75Ω 同轴电缆与示波器 BNC 输入之间放置一个 75Ω 的馈通终接器(Tektronix 部件号 011-0055-02 或同类产品)。

1. 视频场触发

自动:要对视频场进行触发,可执行以下步骤:

① 按"Autoset(自动设置)"按钮,自动设置完成后,示波器将显示与"所有场"同步的视频信号。

示波器在使用"自动设置"功能时设置"标准"选项。

② 按下"自动设置"菜单中的"奇数场"或"偶数场"选项按钮,以便只与奇数场或偶数场同步。

手动:此方法所需步骤较多,但对于视频信号是必需的。使用手动方法,请执行以下步骤:

① 按下"1"(通道 1 菜单)按钮。

② 按下"耦合"→"交流"。

③ 按下"触发菜单"按钮以查看触发菜单。

④ 按下顶部的选项按钮,选择"视频"。

⑤ 按下"信源"→"CH1"。

⑥ 按下"同步"选项按钮,然后选择"所有场""奇数场"或"偶数场"。

⑦ 在侧面菜单的第 2 页上按下"标准"→"NTSC"。

⑧ 旋钮"水平标度"(秒 / 格)旋钮在整个屏幕中查看完整场。

⑨ 旋转"垂直标度"(伏 / 格)旋钮,确保整个视频信号都出现在屏幕上。

2. 视频线触发

自动:可观看场中的视频线。要对视频线进行触发,可执行以下步骤:

①"按 Autoset(自动设置)"按钮。

② 按下顶部的选项按钮,选择"行"以便与所有行同步("自动设置"菜单包括"所有行"和"行号"选项)。

手动:此方法所需步骤较多,但对于视频信号可能是必需的,要使用此方法,请执行以下步骤:

① 按下"触发菜单"按钮以查看触发菜单。

② 按下顶部的选项按钮,选择"视频"。

③ 按下"同步"选项按钮并选择"所有行"或"行号",并旋转"通用"旋钮设置指定的行号。

④ 按下"标准"→"NTSC"。

⑤ 旋转"水平标度"（秒 / 格）旋钮，在整个屏幕中查看完整的视频行。

⑥ 旋转"垂直标度"（伏 / 格）旋钮，确保整个视频信号都出现在屏幕上。如图 6-57 所示。

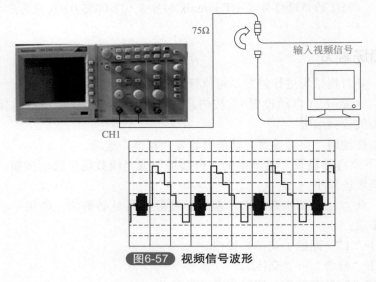

图6-57 视频信号波形

十三、使用缩放功能查看波形详细信息

使用缩放功能可查看波形的指定部分，而不必改变主显示区。如果要更详细地查看波形的同步信号，且不改变主显示区，可执行以下步骤：

① 按下"缩放"前面板按钮。按下"缩放"按钮时，波形显示区域将显示原始波形和放大波形。菜单区域将保留原始菜单。如果同时打开两个通道，则顶部窗口内将显示两个放大波形。

② 按下"标度"侧面菜单按钮并旋转"通用"旋钮更改缩放比例。

③ 按下"位置"侧面菜单按钮并旋转"通用"旋钮更改缩放位置。

④ 旋转"水平标度"（秒 / 格）旋钮，选择 500ns，这是扩展视图的"秒 / 格"设置。

⑤ 旋转"水平位置"旋钮，将缩放窗口定位在要扩展的波形部分。

十四、分析差分通信信号

某个串行数据通信链路出现断续情况，怀疑是信号质量太差。设置示波器以显示串行数据流的瞬时状态，这样可检验信号电平与跃变次数。因为这是一个差分信号，所以使用示波器的数学函数可更好地显示波形。如图 6-58 所示。

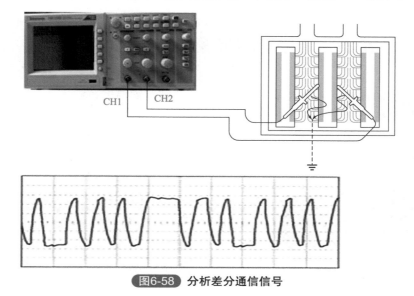

CH1　　CH2

图6-58　分析差分通信信号

说明：　　　必须首先补偿两个探头，探头如不补偿差别量，差别量会成为差分信号中的误差。

要激活连接到通道 1 和通道 2 的差分信号，可按如下步骤执行：

① 按下"1"（通道 1 菜单）按钮，将"探头"→"电压"→"衰减"选项设置为 10×。

② 按下"2"（通道 2 菜单）按钮，将"探头"→"电压"→"衰减"选项设置为 10×。

③ 如果使用 P2220 探头，将其开关设置到 10×。

④ 按"Autoset（自动设置）"按钮。

⑤ 按下"Math（数学）"按钮以查看"MATH（数学）"菜单。

⑥ 按下"操作"选项按钮然后选择"–"。

⑦ 按下信源"CH1–CH2"选项按钮显示新波形，此新波形表示出所显示波形间的差异。

⑧ 要调整数学波形的垂直比例和位置，请执行以下步骤：

• 取消显示通道 1 和通道 2。

• 旋转通道 1 和通道 2 的"垂直标度"和"垂直位置"旋钮以调整数学波形的垂直刻度和位置。

要获得更稳定的显示波形，可按下"Single（单次）"按钮以控制波形的采集。

每次按下"Single（单次）"按钮后，示波器将采集数据流的一个快照。可使用光标或自动测量分析波形，也可存储波形供以后分析之用。

十五、查看网络中的阻抗变化

如果已经设计了一个电路，需要在一个非常宽的温度范围内运行，那么需要了解电路阻抗在环境温度改变时会有多大变化。

连接示波器以监测电路的输入和输出端，并采集改变温度时发生的变化。如图 6-59 所示。

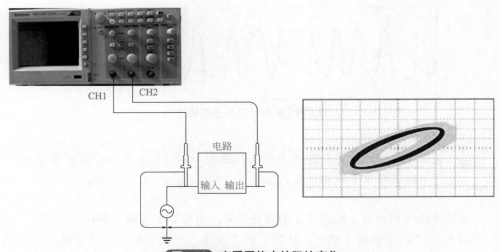

图6-59 查看网络中的阻抗变化

要以 XY 显示格式查看电路的输入和输出，可执行以下步骤：

① 按下"1"（通道 1 菜单）按钮。

② 按下"探头"→"电压"→"衰减"选项设置为 10×。

③ 按下"2"（通道 2 菜单）按钮。

④ 按下"探头"→"电压"→"衰减"选项设置为 10×。

⑤ 如果使用 P2220 探头，将其开关设置到 10×。

⑥ 将通道 1 的探头连接到网络的输入端，将通道 2 的探头连接到网络的输出端。

⑦ 按"Autoset（自动设置）"按钮。

⑧ 旋转"垂直标度"（伏 / 格）旋钮，使每个通道上显示的信号幅值大致相同。

⑨ 按下"Utility（辅助功能）"→"显示"按钮查看显示菜单。

⑩ 按下"格式"→ XY。示波器显示一个李沙育图形，表示电路的输入和输

出特性。

⑪ 旋转"垂直标度"和"垂直位置"旋钮以优化显示。

⑫ 按下"持续"→"无限"。

调整环境温度时，持续显示功能将采集电路特性的变化。

十六、数据记录

示波器可用来存储信号源随时间变化的数据，可配置触发条件，可指示示波器将定义的一段时间内所有已触发的波形连同时间信息保存到 USB 存储器内。

前面板上的 USB 主机端口支持数据记录，可以设置示波器，将用户指定的触发波形保存到 USB 存储设备中，时间可长达 24h，还可以选择"无限"选项不间断监控波形。在无限模式下，可以将触发波形保存到外部 USB 存储设备，没有时间长度限制，直到存储设备存满为止，示波器还会到时引导用户插入另一个 USB 存储设备以继续保存波形。

① 设置示波器使用所需的触发条件来收集数据，同时，将 USB 存储器插入前面板 USB 端口。

② 按下前面板"函数"按钮。

③ 从出现的侧面菜单中选择"数据记录"即可调出数据记录菜单。

④ 按下"信源"按钮以选择要记录数据的信号源，可使用任何一个输入通道或者数学波形。

⑤ 按下"持续时间"按钮，旋转并按下"通用"旋钮选择数据记录的持续时间，选择范围包括：0.5 ~ 8h，增量为 30min；8 ~ 24h，增量为 60min。可选择"无限"，以在不设置时间限制的情况下运行数据记录。

⑥ 按下"选择文件夹"按钮来定义要将收集的信息存储的位置，出现的菜单选项可让用户选择现有文件夹或者定义新文件夹。完成后，按下"返回"即可返回到主数据记录菜单。

⑦ 启动数据采集，例如通过按前面板上的"Single（单次）"或"运行 / 停止"按钮。

⑧ 从侧面菜单中按下"数据记录"，选择"开启"，将启用数据记录功能。如上述步骤所定义，在打开数据记录功能之前，必须先选择信号源、时间长度以及文件夹。

⑨ 当示波器完成所请求的数据记录操作后，将显示"数据记录已完成"消息，然后关闭数据记录功能。

第七章
自动示波现场综合检测仪的应用

第一节　自动示波现场综合检测仪功能及按键与接口

一、按键、旋钮说明

如图 7-1 所示，图中 F1 ～ F5 功能键用来调整示波表的位置，包含系统设置、主目录和测量模式下的设置；在信号输出设置中，用来选择信号输出的类型，配合编码开关和 ◄ ► 键改变信号输出的频率和调节示波表测量；电压测量时，◄ ► 键为峰值检测键。

旋转开关用来选择测量功能，配合 HOLD、SEL、REL 键完成各项数字表（DMM）测量。DIS 是示波选择键，使用自动量程数字万用表过程中（V– 和 mA–）通过一键转换，可以观测被测信号的波形；在示波状态下，为返回系统设置键。

电源开关与背光为同一按键，为了避免在示波表操作过程中遇到按键使用不确定的情况，只要按压 SEL 键（DMM 功能按压 F1 键），屏幕会弹出一个有帮助内容的窗口，分别对测量模式、操作按键和使用细节做出提示，使用户不用看说明书能照常使用。

二、输入、输出插孔

如图 7-2 所示。

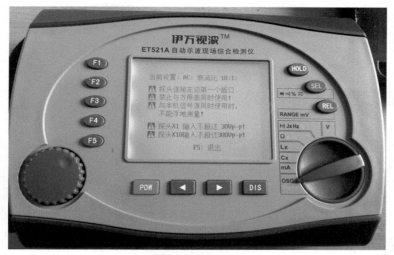

图7-1　面板按键

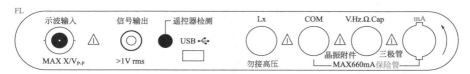

图7-2　输入、输出插孔

插孔定义（从左向右逐一介绍）：

· 示波输入：DC-26MHz 被测波形输入端口。

· 信号输出：正弦波、感触波、锯齿波、方波输出端口。

· 遥控器检测：红外线接收端口。

· USB：PC 通信接口（选件）。

· Lx：电感测量。测量电感时，与 COM 之间连接被测电感。

· COM：万用表接地（负极）端口。

· V.Hz.Ω.Cap：万用表测量（10A 分流器）功能的正输入端。电压 / 频率测量时，测量端有供晶振附件用的直流 +5V 输出。

· mA：交、直流电流正向输入端（内置保险管，可以旋转插座更换）。

三、其他插口与辅助按钮

1. 背面示意图（图7-3）

① 背盖紧固螺钉（×4）。

② 内藏 250V/600mA 备用保险管。

③ 内留复位开关。

④ 后支架。

⑤ 可伸缩护带。

图7-3　背面示意图

2. 侧面示意图（图7-4）

LED指示灯

电源插口

图7-4　侧面示意图

左侧面有可伸缩护套；右侧面有交流适配器电源插口和 LED 指示灯。

橙灯：正在充电。

绿灯闪烁：进入绢流充电。

绿灯：充电结束。

红灯：故障指示。

交流适配器为 12V、1A 无开关电源型，具有防电磁干扰、低纹波电压、宽输入电压范围、短路自保护等特点，不能随意更换。

提示：　　使用交流适配器供电时，需要使仪表与交流电源相连接，因而有可能降低仪表的安全指标和引入更多的电磁干扰。

警告：　　在使用交流适配器供电时，测量 250VAC 或者 360VDC 以上的电压将可能导致仪表永久性损坏，甚至危及使用者的人身安全。

第二节 示波模式进入

 一、示波模式基本内容

将旋转开关逆时针旋转至 DSO 位置，仪表进入示波表（DSO）模式［部分机型 DSO 标注为 OSC（示波器）］。

> **提示：** 采用 ET521 专用示波表探头，参见产品手册（示波表探头校正）章节，对探头进行校正。探头电缆内芯为特细高频材料，插拔和使用时要特别小心，避免伸拉与对折造成探头接触不良或损坏。

> **注意：** 示波表输入端最高电压为 $30V_{P-P}$，探头衰减 $10\times$ 时，最大输入为 $300V_{P-P}$；被测信号不得超过电压范围。

示波器各个部分功能如图 7-5 所示。

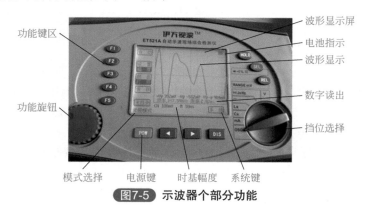

功能键区
功能旋钮
模式选择 电源键 时基幅度 系统键
波形显示屏
电池指示
波形显示
数字读出
挡位选择

图7-5 示波器个部分功能

 二、系统设置与主目录

将旋转开关旋转到 DSO 位置，按压"F1"键，听到"滴滴"间断蜂鸣声，松开按键，显示屏幕出现"伊万视波"和模拟条棒，条棒指示从 0% ～ 100%，同时显示 WWW.ET521.NET，系统自检完成。

本机进入示波状态时，首先显示目前设置状态和安全提示界面，按压"F5"键退出提示界面或30s后自动退出安全提示界面进入常规模式。

功能键F1～F5位于LCD屏幕左方，这些键配合屏幕上的选单提示可以完成多种功能的操作。某些功能的操作还将产生子选单以便进一步地操控。关于这些选单和子选单的使用参见后面的介绍。

按压"DIS"键，进入示波表系统设置主选单，如图7-6所示。

按键	功能提示	操作结果
F1	关机设置	自动/手动关机
F2	耦合方式	AC/DC
F3	探头衰减	1∶1, 10∶1, 100∶1
F4	对比度调节	旋转编码开关或按◀▶键改变对比度
F5	返回	返回示波表测量状态
DIS	◁×◁))	禁止或开启蜂鸣器发声

图7-6 进入示波表系统设置主选单

① 按压"F1"键进入关机设置，选择自动/手动。选择自动关机状态时，10min内无任何按键操作则自动关机。在选择USB与PC通信时，不能自动关机。

② 按压"F2"键进入示波表输入耦合方式选择。选择直流耦合（DC），信号中交流和直流成分都能够通过；选择交流耦合（AC），信号中的直流成分被阻断，其中动态的AC部分可以通过。在测量DC或DC+AC信号时，要选择DC状态；被测信号中直流分量较大时，会使显示波形偏离显示区。

③ 按压"F3"键进入探头衰减设置，其状态要与示波表探头衰减位置相同，如果探头衰减为1×时，该系统设置应选择1∶1；探头衰减为10×时，该系统设置应选择10∶1；只有使用100∶1的探头（另购）时，系统设置才用到100∶1。探头衰减一般在10×位置（建议正常使用时设置的状态）；探头衰减与系统设置不一样，示波表量程或数字读出结果就会有偏差。

④ 按压"F4"键进入对比度调节。出厂前对比度都会调整到合适位置，操作者可以根据使用环境，改变对比度状态。按压"F4"打开对比度调节，屏幕弹出对比度调节窗口，按中文帮助内容，通过旋转编码开关（粗调）和按压◀▶键（细调）将对比度调节到满意位置。

⑤ 按压"F5"键进入返回功能。按压此键屏幕出现"保存""不保存"提示。按压"F5"键才能返回测量状态。如果从主目录、视频、单次状态进入的系统设置，则返回进入时的状态。如果设置有改变，返回时要确认"保存"。

⑥ 按压"DIS"键开启或禁止蜂鸣器。当环境需要保持安静时，在系统设置时关断蜂鸣器。仪表一旦进入通断调试/二极管功能状态，则强行打开蜂鸣器，之后欲关断蜂鸣器则需进入系统设置重新设定。

在常规、高频、单次或调图形状态下的主目录

按压"F5"键进入主目录，如图 7-7 所示。

按键	功能提示	操作结果
F1	常规测量	用于重复波形的测量
F2	视频测量	用于视频波形的检测
F3	单次测量	用于复杂波形的测量
F4	功能扩展	备用
F5	调图形	以往存储的1~40幅波形图

图7-7 按压"F5"键进入主目录

① 按压"F1"键进入常规测量，一般针对重复波形的测量。使用自动测量时，示波表自动选择合适的扫描时基、输入幅度触发条件，显示多周期稳定的波形，同时以数字读出方式显示 V_{P-P}、$+V_P$、$-V_P$、频率、周期等参数。

② 按压"F2"键进入视频测量，一般针对视频复合波形的测量。视频测量有行同步或场同步选择，也可以通过按键来选择检测行同步信号，还是检测场同步信号。

③ 按压"F3"键进入单次测量，对于复杂波形或偶发信号波形的捕捉，要采用单次测量。单次测量时要提前设置水平时基和垂直幅度控制。要针对信号特点，选择上升沿、下降沿触发电平的设置。开始测量，一旦被测信号符合设定条件，屏幕显示单周期或多周期波形，并通过编码开关的调节改变数字显示水平位置（0 ~ 2000 个采样点）。

④ 按压"F5"键进入调图形，按压此键可以进入存储以前被保存的 1 ~ 40 幅波形图的数据库，通过旋转编码开关或按压 ◄ ► 键或位置按键来选择保存图形的位置号码，观察存储的波形图。

 常规模式使用

在常规测量状态下，F1 ~ F5、DIS、SEL 键的功能如图 7-8 所示。

① 按压"F1"键进入自动测量，示波表自动选择合适的扫描时基、幅度控制和触发条件，显示稳定的波形。自动测量又称为一键式测量，减少了繁杂的调整过程，使被测波形"一键"即呈。自动测量遇到随机信号或重复波形有干扰时，会出现同步不稳，可以选择单次测量，也可以按压"F2"键进入时基 / 幅度手动调节。

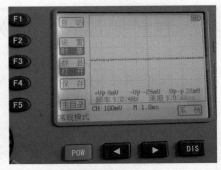

按键	功能提示	操作结果
F1	自动测量	自动设置时基、幅度、触发
F2	时基/幅度	手动调节时基和幅度
F3	数字读出	显示+V_P/-V_P/V_{P-P}、频率、周期
F4	保存	进入波形存储
F5	主目录	选择测量模式或波形图读出
DIS	系统	耦合方式、衰减比等设置
SEL	帮助	按键、操作提示

图7-8 常规测量状态下F1~F5、DIS、SEL键的功能

② 按压"F2"键进入时基/幅度调节选择。在选择时基或幅度调节后，配合选择编码开关和按压 ◀ ▶ 键来改变水平扫描时间和输入量程的衰减，以最佳方式观测被测信号的波形。

③ 按压"F3"键进入数字读出。进入常规测量时，数字读出默认打开；如果显示区域对波形测量产生影响，可以按压"F3"键关闭数字读出功能。

④ 按压"F4"键进入波形保存。按压此键可以保存目前屏幕显示的波形图。

⑤ 按压"F5"键进入主目录，来选择常规、视频、单次测量模式或存储波形的读出。

⑥ 按压"DIS"键进入系统设置，进行自动关机、耦合方式、衰减比、对比度、蜂鸣器关断设置。

⑦ 按压"SEL"键进入帮助，弹出面板按键功能及操作步骤中文提示窗口。单次按压"SEL"键退出"帮助"。

按压"F4"键进入保存子选单后F1~F5键的功能如图7-9所示。

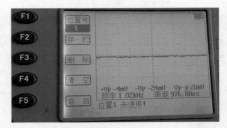

按键	功能提示	操作结果
F1	位置号	配合编码开关和 ◀ ▶ 键选择存储位置
F2	存储	确认存储
F3	删除	删除所选择位置号显示的图形
F4	清空	删除1~40幅所存图形
F5	返回	返回进入状态

图7-9 按压"F4"键进入保存子选单后F1~F5键的功能

① 按压"F1"键改变存储图形位置序号，显示位置号"1"，每按压一次"F1"键或 ◀ ▶ 键，位置号递增或 ±1。也可以选择旋转编码开关，快速确定 1~40 序列中需要存储图形的位置号。

② 按压"F2"键确定存储，在选择存储位置号后，按压"F2"键将显示波形图存入存储器，屏幕显示"正在保存数据……"和"数据保存成功"。

③ 按压"F3"键来删除所选择位置号显示的图形。按此键后即弹出窗口来确认是否删除当前数据。

④ 按压"F4"键来清空所有存储器中所有存储的图形。按此键后即弹出窗口来确认是否清空全部数据。

⑤ 按压"F5"键则返回进入时的测量状态。返回前要确认是否已经按压"F2"键将需要存储的数据存入存储器内。

 五、 水平时基调节

在常规测量状态下，按压"F2"键选择时基调节，旋转编码开关或按 ◄ ► 键，扫描时基在 10ns/DIV ～ 1s/DIV 范围内调节。测量一个未知频率的信号时，应从最快时基起尝试进行波形采集，然后逐渐选择慢一些的时基，直到信号能够正确显示，否则，由于"混叠效应"的影响，波形可能没有正确反映信号的实际情况。

避免混叠效应的方法有多种，调节时基或按压"F1"键进行自动测量。

 六、 垂直幅度控制

在常规测量状态下，按压"F2"键选择幅度控制调节，旋转编码开关或按压 ◄ ► 键，幅度在 20mV/DIV ～ 500V/DIV 范围内改变。

七、 波形的自动触发

波形自动测量时，采取自动触发模式，即使没有检测到触发条件，示波表仍可以采集波形。若没有触发条件，当示波表等待一定的时间之后，便自行触发并开始采集数据；由于没有正确的触发，示波表显示的波形因为无法同步而在屏幕上滚动。一旦检测到合法的触发信号，波形便要在屏幕上稳定下来，如果测量信号有干扰、非等幅、非重复波形，会造成波形显示的不稳定。此时按压"HOLD"键，屏幕显示高速 A/D 捕捉被测信号其中的一幅图形来分析信号特征。把这种功能定义为"暂停"。如果检测无规则信号，最好选择单次测量模式。

 八、 示波表探头校正

第一次使用示波探头或更新探头，须重新按以下方法对示波探头进行校正。

旋转功能开关选择示波表（DSO）常规测量模式。

注意： 示波探头插入输入端口，探头衰减置 10× 位置。

参见信号源使用方法，选择信号类型方波 *T*，旋转编码开关或按压 ◀ ▶ 键调节输出信号频率为 100kHz，按压“F5”键确认并退出信号源窗口，将示波器探头衰减设置在 10× 的位置，探头探针直接接触信号源输出端口，按压“F1”键（自动）得到稳定的方波显示。观测方波显示，可能出现以下三种情况，如图 7-10 所示。

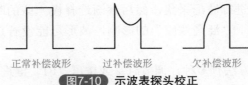

正常补偿波形
过补偿波形
欠补偿波形

图7-10 示波表探头校正

使用无感起子调节示波探头补偿电容（探头测试杆前端开孔位置），使显示为正常方波，校正结束。

提示： 示波探头衰减 10× 时，探头本身带宽小于 10MHz，只有经过校正且探头衰减 10× 时，才能满足 25MHz 带宽（响应正弦波信号）。

第三节　自动示波现场综合检测仪波形测量

一、常规模式下的波形测量

从示波输入端口接入被测信号，观看 LCD 显示屏幕（一般情况下，探头衰减开关应在 10×，系统设置为 10：1），如出现被测波形，可以按压“F1”键（自动）使波形稳定下来，数字读出部分显示测量结果。如果需要改变显示波形的数量或改变显示波形的幅度，可以旋转编码开关或按压 ◀ ▶ 键改变时基（波形显示多少）；按压“F2”键使设置从“时基”变为“幅度”，通过调节编码开关方向或按压 ◀ ▶ 键改变显示波形幅度（波形大小）。

自动测量时，为了尽快选准挡位，无输入信号或直流输入，仪表默认为 1V、

1ms（系统设置 10∶1）。

　　波形显示稳定时，数字读出的 $+V_P$、$-V_P$、V_{P-P} 直观反映被测信号的测量结果。如果 $+V_P$ 和 $-V_P$ 绝对值大小说明被测波形的对称性；在选择 DC 耦合方式时，$+V_P$ 和 $-V_P$ 的差值反映出信号中的直流分量；如果被测波形不是等幅的，$+V_P$ 和 $-V_P$ 记录的是被测波形曾经出现过的最大或最小峰值。所以观测某个周期的信号，通过显示区下方显示的 CH XX V（mV）、M XX ms（s、ms、μs、ns）参量，表示在当前状态下，垂直轴每格代表 XX V（mV）和水平轴每格代表 XX ms（s、ms、μs、ns）。通过数"格子"计算后，得到该周期波形的测量参数。

　　按压"F1"键，无法捕捉到稳定的波形的原因：

　　① 波形输入幅值过小；

　　② 被测信号频率低于 1Hz；

　　③ 探头衰减设置不对；

　　④ 超出测量频率范围；

　　⑤ 被测信号干扰大；

　　⑥ 探头损坏或连接有误；

　　⑦ 整机故障，怀疑整机故障时，可以参照手册《示波表探头校正》中的方法，从信号源输出 1kHz 方波，直接输入示波表输入端做出检查。

　　　　　　数字读出测量结果都是对所显示的波形进行计算得到的，显然，被测信号频率越低，采样计算相对误差就越大。当信号频率低于 10Hz（50ms～1s）时，数字读出测量结果显示为"–"，以提示用户作出正确的分析。

二、中文帮助窗口使用

　　在示波状态，按压"SEL"键，屏幕弹出有当前模式帮助内容的中文提示窗口；在操作过程中，需要了解操作步骤或按键作用时，通过进入帮助窗口，按压相应按键，如 F1～F5 或其他按键，帮助窗口内容将说明按键作用和操作步骤。再次按压"SEL"键退出"帮助"。

　　由于在视频、单次测量状态下，按压"SEL"键的作用与结果相同，根据功能键的不同定义显示对应的"帮助"内容，在以后章节不再叙述。

　　在万用表测量模式下，无论任何量程，按压 F1 键，将弹出中文帮助窗口，分10 页简单描述操作步骤及功能按键的作用，不同功能下内容相同。

　　将功能按键的作用及操作步骤以"帮助"形式，备存在仪表中，使用时可以随时打开中文"帮助"窗口，按提示内容操作，是本产品人性化设计的体现，力争使用户在现场检测中不看说明书也能顺利操作。如图7-11所示。

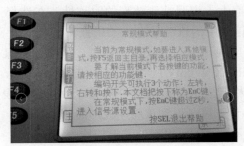

图7-11 中文"帮助"窗口

三、视频模式的应用

1. 视频模式的测量

进入视频模式时，首先显示目前设置状态和安全提示画面，按压"F5"键退出或30s后自动退出安全提示画面，进入视频界面。如图7-12所示。

按键	功能提示	操作结果
F1	同步	场、行同步选择
F2	极性	视频同步正、负极性
F3	设置	时基、幅度调节
F4	保存	进入波形存储
F5	主目录	选择测量模式或波形图读出
DIS	系统	衰减比、耦合方式等设置
SEL	帮助	按键、操作提示

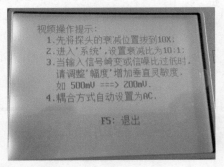

图7-12 视频模式的测量

在视频测量状态下，F1～F5、DIS、SEL键功能如下：

① 按压"F1"键为同步选择，对视频输入信号中的场、行信号中同步探头波形进行捕捉，从而显示场同步信号或行同步信号。

② 按压"F2"键为极性选择，我国电视信号制式为负极性。

③ 按压"F3"键为时基/幅度调节。在选择时基或幅度调节后，配合选择编码开关和按压 ◀ ▶ 键来改变水平扫描时间和输入量程的衰减，以最佳方式观测被测视频信号的波形。

④ 按压"F4"键为波形保存，按压此键可以保存目前屏幕显示的波形图。

⑤ 按压"F5"键为主目录，进入选择常规、视频、单次测量模式或存储波形的读出。

⑥ 按压"DIS"键进入系统设置，对自动关闭、耦合方式、输入衰减、对比度调节、蜂鸣器关断进行重新设置。

⑦ 按压"SEL"键进入帮助，弹出面板按键功能及操作步骤中文提示窗口，再次按压 SEL 键退出"帮助"。

 视频模式下的波形测量

从主目录选择视频模式，屏幕显示视频操作提示窗口（一般情况下，探头衰减开关应在 10×，系统设置为 10：1，耦合方式为 AC）。从示波输入端口接入被测信号，观看 LCD 显示屏幕显示场或行同步探头波形，如需要改变显示波形的数量或改变显示波形的幅度，可以旋转编码开关或按压 ◄ ► 键改变时基（波形显示多少）；按压"F3"键使设置从"时基"变为"幅度"，通过调节编码开关方向或按压 ◄ ► 键改变显示波形幅度（波形大小）。

视频测量时，为了尽快捕捉场、行同步探头波形，仪表默认值为 500m/V、25μs（系统设置 10：1）。

波形显示稳定时，过显示区下方显示的 CH XX V（mV）、M XX ms（s、ms、μs、ns）参量，表示在当前状态下，垂直轴每格代表 XX V（mV）和水平轴每格代表 XX ms（s、ms、μs、ns），通过数"格子"计算后，得到场或行同步头波形的测量参数。

显示波形不能稳定时，按压"HOLD"键，屏幕显示高速 A/D 捕捉被测信号其中的一幅图形来分析信号特征。

> **提示：** 由于视频复合信号中视频信号是一个不断变化的波形，其形状对视频测量无影响，所以在信号处理中侧重同步探头波形的捕捉并显示出来；改变时基超出调节范围，信号波形将不能显示。

四、 单次模式应用

 单次模式的进入

在单次测量状态下，功能键主选单如图 7-13 所示。

按键	功能提示	操作结果
F1	单次测量	启动、等待、结束状态转换
F2	时基/幅度/触发	时基和幅度、触发设置
F3	触发方式	上升沿或下降沿触发选择
F4	保存	进入波形存储
F5	主目录	选择测量模式或波形图读出
DIS	系统	衰减比、耦合方式等设置
SEL	帮助	按键、操作提示
编码开关	调节设置参数 按下进入水平位移	时基/幅度/触发电平 显示存储在缓冲区的波形
HOLD	光标测量	进入光标测量选单

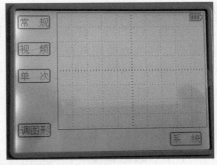

图7-13 单次模式功能键主选单

① 按压"F1"键开始测量，显示状态从"启动"变为"等待"，输入信号一旦符合预先设置的触发条件，屏幕会显示稳定的波形，再次按压"F1"键，则结束等待状态。

② 按压"F2"键进入时基/幅度/触发设置，配合旋转编码开关和按压 ◀ ▶ 键来改变水平扫描时基和输入量程的衰减。稳定电平进行设置，以最佳方式观测被测信号的波形。

③ 按压"F3"键进入触发方式选择。触发方式决定了被测信号波形显示的起始位置，选择上升沿或下降沿触发。

④ 按压"F4"键为波形保存，按压此键可以保存目前屏幕显示的波形图。

⑤ 按压"F5"键进入主目录，来选择常规、视频、单次测量模式或存储波形的读出。

⑥ 按压"DIS"键进入系统设置，对自动关机、耦合方式、衰减比、对比度调节、蜂鸣器关断进行重新设置。

⑦ 按压"SEL"键进入帮助，弹出面板按键功能及操作步骤中文提示窗口。再次按压"SEL"键退出"帮助"。

⑧ 编码开关，按下进入水平位移状态，通过旋转编码开关来改变已经显示波形的水平位置，数字显示采样点位置。

⑨ 按压"HOLD"键激活光标测量功能，对显示波形进行光标测量的选择（只有单次模式能设置光标测量）。

2. 水平时基设定

按压"F2"键选择时基，旋转编码开关或按压 ◀ ▶ 键改变时基设定（默认 2.5μs）。对于单次测量，选择合适时基很重要。要展宽被测波形，时基就要变快，从 2.5μs 向纳秒改变；要捕获更多波形周期，时基就要变慢，从 2.5μs 向毫秒改变。时基设置过快，将不能看到完整波形；时基设置过慢，波形则显示太密，影响对波形的分析。如图 7-14 所示。

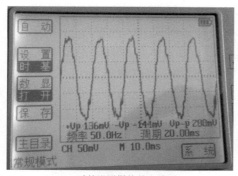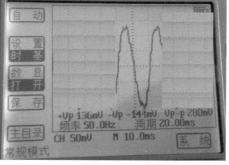

(a) 时基设置慢的单次波形　　　　　　　(b) 时基设置快的单次波形

图7-14　水平时基设定

3. 垂直幅度设定

按压"F2"键选择幅度，旋转编码开关或按压 ◀ ▶ 键改变幅度设定（默认 1V，系统设置 10：1）。对于单次测量，选择合适幅度完整地观测被测波形，幅度设定要考虑单次波形的最大峰值，量程设置小，波形会伸出屏幕，量程设置大，波形显示幅度小，测量误差增加，同时不便观测。

4. 触发条件设定

按压"F2"键选择触发，根据被测波形特性，旋转编码开关或按 ◀ ▶ 键改变触发电平，波形显示区右侧箭头指向触发电平点；无论上升沿还是下降沿的过零触发，调节右侧箭头指向水平中轴位置。按下"F1"启动后，一旦信号出现，示波表将被触发并将其捕获。触发条件一旦设置，按压"F2"键退出触发设定，已经设置的参数将保存下来。

按压"F3"键，确定是上升沿触发，还是下降沿触发。改变上升沿、下降沿触发，不会改变触发电平预先设定的参数。

5. 水平位置调节

一旦波形稳定显示，按下编码开关，进入水平位置调节。旋转编码开关可以调节波形的水平位置，回放存储在缓冲区的波形，波形显示区下端显示采样点的数字。

6. 光标测量读出功能

在单次测量状态下，按压"HOLD"键，进入光标测量子选单：

① 按压"F1"键为选择幅度上光标移动，旋转编码开关改变上光标位置。

② 按压"F2"键为选择幅度下光标移动，旋转编码开关改变下光标位置。

③ 按压"F3"键为选择时间左光标移动，旋转编码开关改变左光标位置。

④ 按压"F4"键为选择时间右光标移动，旋转编码开关改变右光标位置。

⑤ 按压"F5"键（或 HOLD 键）为返回，重新进入单次测量主选单。

按压"HOLD"键激活光标测量功能方可以使用。光标测量读出功能可以用来测量显示屏上两个光标之间的电压差（ΔV）或时间差（Δt）。示波表将产生一对水平光标来测量 ΔV，产生一对垂直光标来测量 Δt，光标之间的电压差或时间差将随时显示在屏幕上。如图 7-15 所示。

按键	功能提示	操作结果
F1	上光标	选择幅度上光标移动
F2	下光标	选择幅度下光标移动
F3	左光标	选择时间左光标移动
F4	右光标	选择时间右光标移动
F5	返回	返回单次测量选单
编码开关	光标移动	旋转编码开关改变光标位置

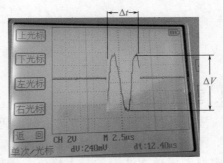

图7-15 光标测量读出功能

7. 单次模式下的波形测量

进入主目录按压"F3"键选择单次模式，根据被测信号特性，设置时基、幅度和触发方式，设定好触发电平，从示波输入端口接入被测信号，按压"F1"启动键，提示为"等待"。观看 LCD 显示屏幕，如出现被测波形完整显示在有效区域内，可以按压和旋转编码开关调节被测波形的水平位置。按压"HOLD"键激活光标测量功能，分析被测波形特性，如捕获波形不能有效观测，则重新改变相关设置，重复以上操作步骤，直到测试结果满意。单次测量"等待"时间过长，表明信号没有或连接有误，可以按压"F1"键结束"等待"。如图 7-16 所示。

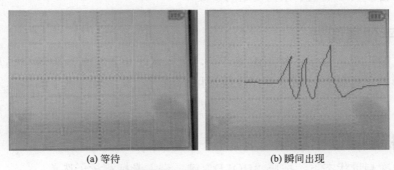

(a) 等待　　　　　　　　　　　　　　(b) 瞬间出现

图7-16 单次模式下的波形测量

进入单次测量，仪表默认为 1V，2.5μs（系统设置 10∶1）。

对于方波或单次非周期信号波形的检测，要显示完整的波形，一般"满带宽/4"为观测此类信号的合适频率。

五、信号波形的处理应用

信号波形的保持

　　当数据采集持续进行时，信号的波形会不断地刷新，保持波形的主要作用是保持住当前的数据或波形。保持波形的方法有两种：按"HOLD"键或者使用单次触发的扫描模式。

　　波形不同，波形存储位置不同，波形保持是显示内容被保持，一旦再次按压HOLD键或改变功能、设置或关闭电源，之前显示的保持内容会丢失。要长期保留图形，必须进入保存模式，按存储键将图形存入存储器中。

2. 信号波形的存储与读出

　　DSO数据库有40个波形数据的记忆空间，存储/读出操作方法如下：

　　① 波形存储：在常规→视频→单次测量模式下，按压"F4"键，进入保存子选单；按操作说明确认存储位置及将保存结果存入DSO数据库。

　　② 波形读出：在常规→视频→单次测量模式下，按压"F5"键进入主目录选择"调图形"，参见"主目录"选单。

　　③ 利用USB接口与PC通信时，将DSO数据库存储的波形传送到PC显示界面。

3. 进入信号源设定

　　旋转功能开关选择示波表常规测量模式进入信号源设定；在常规→视频→单次测量状态下保持设定参数的信号输出。

　　　　在万用表测量交流电压时，信号输出接地线可能带有危险高压！禁止信号源输出线装入任何电压信号。与示波表同时使用时，必须保持示波探头和信号输出线接地端处于同电平，避免浮地测量。

4. 信号产生

信号源采用数字式频率合成技术，经可编程逻辑阵列分频得到 156250Hz 稳定的基频，信号源输出的信号频率是 156250Hz 的分频结果。为了防止信号频率太小，造成编码开关旋转步进的困难，根据实际需要，信号频率的调节遵循以下规律：

- 10 ～ 100Hz，频率步进间隔 1Hz。
- 100 ～ 1000Hz，频率步进间隔 10Hz。
- 1 ～ 10kHz，频率步进间隔 100Hz。
- 10kHz 以上为 10427Hz、11161Hz、12019Hz、13021Hz、14205Hz、15625Hz、17361Hz、19531Hz、22321Hz、26042Hz、31250Hz、39063Hz、52083Hz、65530Hz、156250Hz。

由于输出信号频率是 156250Hz 的分频结果，所以 10kHz 以下可能不是理想的整数频率。

5. 信号源的设置

在示波表常规模式下，按压编码开关并停留 2s，听到蜂鸣器从"滴"转为"滴滴"间断发声。松开按键，屏幕弹出一个窗口。

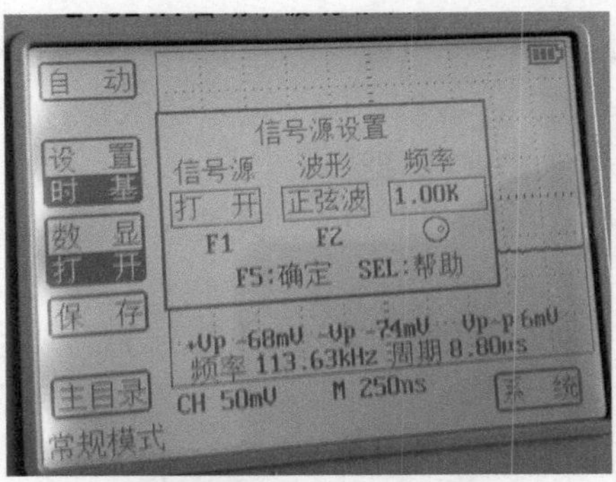

图7-17 信号源的设置

按压"F2"键，选择输出类型，每按一次波形下框内显示波形不同种类：正弦波、三角波、正向锯齿波、反向锯齿波、方波、方波 T 等。方波 T 专门产生特别信号，如 1kHz 方波，可以用作示波探头的校正；200μs、400μs 的信号。用来配合示波表检测行输出变压器类型匝间短路故障的振铃信号波形；而 156250Hz 方波则替代行振荡或行推动波形信号。

按压"SEL"键弹出或关闭信号源帮助窗口。如图 7-17 所示。

6. 信号频率的选择

按压"F2"键选择输出波形的类型，旋转编码开关或按压 ◄ ► 键选择信号源输出的频率。向顺时针方向旋转编码开关，提高频率至 156250Hz，向逆时针方向旋转编码开关，降低频率至 10Hz。旋转速度快，步进间隔就大，视为粗调；旋转速度慢，步进间隔小，视为细调。也可按压 ◄ ► 键调节，选择好后按压"F5"键确认，弹出的窗口退出，在波形显示区的左上角，显示输出波形的类型和频率。

如果进入视频→单次测量模式，继续保持已经设定参数的信号输出。

 取消信号输出

　　按压"F1"键关闭信号源，再按压"F5"键确认；或者旋转功能开关退出示波表状态，即同时关闭信号源。

第四节　万用表模式的应用

一、万用表模式的进入及模式下的内容

 进入万能表模式

　　旋转功能开关选择万用表（DMM+LCR）模式。

> **警告：**　　请阅读，理解并遵从以下内容中指出的安全规则和操作方法。变换测量功能时，务必先将表笔的探针脱离测试点或先选择功能挡位，再连接测试点。

2. **万用表模式下的基本显示内容**

　　如图 7-18 所示。

图7-18　万用表模式下的基本显示内容

二、 测量功能切换与量程应用

1. 测量功能切换

旋转功能开关可以选择 "V"：交直流电压测量（10A 分流器、三极管 h_{FE}）；JXHz：频率、占空比、晶振、遥控器检测；Ω：电阻、通断、二极管测量；Lx：自动量程电感测量；Cx：宽范围电容测量；mA：交直流电流自动测量。

2. 手动／自动量程选择

在交直流电压测量时，开机或切换功能后的初始状态为自动量程。按压 "REL" 键，进入手动量程切换，屏幕显示 Manu。量程变化为 6.000V/60.00V/600.0V/2000V/600.0mV。无输入时显示：0.000V/0.00V/0.0V/00V/X。XmV（在 mV 量程，由于输入感应会有几十字显示，属于正常）。按压 "REL" 键并停留 2s 则返回自动量程，屏幕显示 Auto。交直流电压 600mV 量程在手动切换时才能出现。如图 7-19 所示。

图7-19 手动/自动量程选择

3. 测量数据保持与列表

按压数据保持键（HOLD），正在显示的读数将被保持下来，此时 LCD 屏幕上会出现数据保持的图标 "H"，再次按压 "HOLD" 键可以恢复正常运行。

① 数据被保持后，测量结果已经进入数据列表，屏幕显示存储位置：XXX（01-200）。

② 一旦仪表进入数据保持状态，"REL" 键手动量程切换将被锁定。在保持状态下，按压 "F1" 键直接转换功能开关时，会弹出帮助窗口。

③ 当切换测量功能时仪表将自动退出保持状态。

数据保持时，按压 "F3" 键进入 HOLD 列表子选单，如图 7-20 所示。

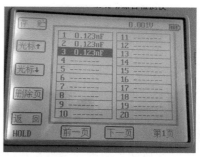

按键	功能提示	操作结果
F1	存储	存储所有数据
F2	光标↑	选择光标向上移动
F3	光标↓	选择光标向下移动
F4	删除页	删除当前页内容
F5	返回	确认存储进入测量状态
◀▶	前后页	前后翻页

图7-20 按压"F3"键进入HOLD列表子选单

① 按压"F1"键，将更新记录并存入存储器中，不确认存储，保持数据会在功能改变或关机后丢失。

② 按压"F2"键，随光标向上移动，到达组数据后，再从数据开始循环。

③ 按压"F3"键，随光标向下移动，到达组数据后，再从数据开始循环（删除其中一组数据，则移动光标，使被删除数据组显示框由白变黑，这时测量新数据并保存，原记录被覆盖）。

④ 按压"F4"键，会弹出删除当前页存储的全部记录确认窗口。确定删除按压"F1"键，取消则按压"F5"键。

⑤ 按"F5"键，会弹出"未存储数据，确认退出吗？"窗口，退出按压"F1"键，不退出按压"F5"键。数据已经存储不再弹出窗口。

⑥ 按压 ◀ ▶ 键，翻页查阅，修改数据存储列表的 200 组数据。

4. 自动记录模式（阈值设定）

在电压测量状态，按压"F5"键进入自动记录列表界面。屏幕顶端显示阈值设置和测量的当前值，列表中显示 1 ～ 20 组自动记录的数据（总共 20 组记录）。屏幕下方提示"自动记录"状态。如图 7-21 所示。

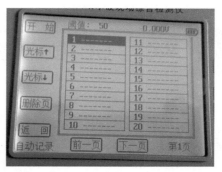

按键	功能提示	操作结果
F1	开始	测量开始
F2	光标↑	选择光标向上移动
F3	光标↓	选择光标向下移动
F4	删除页	删除当前页内容
F5	返回	确认存储进入测量状态
◀▶	前后页	前后翻页
编码开关	阈值	设定采样电压的起始值

图7-21 自动记录列表子选单

133

自动记录列表子选单：

① 按压"F1"键，将从确认的光标指向开始，自动记录测试数据，自动移动记录位置。

② 按压"F2"键，随光标向上移动，到达组数据后，从组数据开始循环。

③ 按压"F3"键，随光标向下移动，到达组数据后，从组数据开始循环（删除其中一组数据，则移动光标，使被删除数据组显示框由白变黑，这时测量新数据并保存，原记录被覆盖）。移动光标可以确定开始记录的位置或存测量中移动光标，可以使自动记录顺序与被测电路引脚相对应。

④ 按压"F4"键，会弹出删除当前存储的全部记录确认窗口，确定删除按压"F1"键，取消按压"F5"键。

⑤ 按压"F5"键，会弹出"要保存数据到Flash吗？"窗口，保存按压"F1"键，不保存按压"F5"键。数据已经存储不再弹出窗口。

⑥ 按压 ◀ ▶ 键，翻页查阅、修改数据存储列表的200组数据。

⑦ 旋转编码开关对测量的起始值（阈值）进行设定。旋转编码开关在50～2000之间设定。按压编码开关确认。设定阈值越低，灵敏度越高，但容易受到干扰。如果阈值设定在500，测试量程在6000V，自动记录时，凡是检测到信号大于500字即0.5V，仪表则判断是一次有效测量而记录于列表中。测试过程中如果自动改变量程到6000V，则判断有效测量的阈值从0.5V变为5V（照样是500字），这样设定可以避开干扰信号，真实完成自动记录。

自动记录功能的设置，方便了诸如集成电路的在线检测，可以连续测量1～200组数据，只要移动表笔测试位置，仪表根据被测端点的电压值变化，凡超过阈值设定值以上的电压，自动按测试顺序将测试结果记录下来。

第五节　万用表模式测量

一、AC与DC电压测量

① 将旋转开关拨至"V"位置。

② 按屏幕提示，将黑色表笔测试线的插头插入负极性的COM插座，红色表笔测试线的插头插入正极性的V插座。

③ 按压"SEL"键，切换AC和DC测量方式（默认设置为DC，AC显示符号"–"）。

④ 用表笔接触测试点。

⑤ 读出仪表显示的电压数值，显示结果包括数值、小数点、单位以及极性

（极性为"−"表明红色表笔连接测试点为负）。

⑥按压"REL"键，进入手动量程切换。

⑦按压"HOLD"键，进入数据保持（屏幕显示目前数据在数据列表中的位置）；按压"F3"键，进入 HOLD 列表。

⑧扫压"F5"键，进入自动记录列表。

⑨按压"F1"键，进入中文帮助窗口，再次按压此键则退出"帮助"。注：在"DMM+LCR"测量状态下，无论在任何量程，按压"F1"键所显示的"帮助"内容相同。

为避免仪表损坏，不可在测量端施加 1000V AC 或 2000V DC 电压达到 10s 以上，必须在手动量程测量。不能测量高于 600V 电力线路上的电压。

二、AC 与 DC 电流测量

 基本测量

①将旋转开关拨至"mA"位置。

②按屏幕提示，将黑色表笔测试线的香蕉插头插入负极性的 COM 插座，红色表笔测试线的香蕉插头插入正极性的 mA 插座。

③按压"SEL"键，切换 AC 和 DC 测量方式（默认设置为 DC，AC 显地符号"−"）。

④将表笔串入被测电压。

⑤读出仪表显示的电流数值，显示结果包括数值、小数点、单位以及极性（极性为"−"表明红色表笔连接测试点为负）。

⑥按压"REL"键，进入相对值测量。

⑦按压"HOLD"键，进入数据保持（屏幕显示目前数据在数据列表中的位置）；按压"F3"键，进入 HOLD 列表。

⑧按压"F1"键，进入或退出中文帮助窗口。

为避免遭受电击，勿对带有 250V AC 以上电压的电路进行 AC 电流测量。测量电流时，当 DC 或 AC 电流有效值超过 600mA，有可能造成机内 250mA/600mA 熔断型保险管的损坏。如损坏，要更换新的保险管。

2. 分流器的使用

① 将旋转开关拨至 "V" 位置。

② 将电流分流器附件插入 COM 插座和正极性的 V 插座。

③ 按压 "SEL" 键,切换 AC 和 DC 测量方式(默认设置为 DC,AC 显示符号 "–",AC/DC 只能在电压模式下选择)。

④ 按压 "REL" 键,进入手动量程,切换至 600mV 量程,按压 "F4" 键进入或退出电流测量显示界面。

⑤ 将表笔一端插入分流器,红表笔对应 V 插座端,黑表笔对应 COM 端,另一端串入被测电路,探针接触测试端点。

⑥ 读出仪表显示的电流数值,显示结果包括数值、小数点、单位以及极性(极性 "–" 表明红色表笔对应端为负)。

⑦ 按压 "HOLD" 键,进入数据保持(屏幕显示目前数据在数据列表中的位置);按压 "F3" 键,进入 HOLD 列表。

> **注意:** 使用分流器测量 10A 大电流时,每 15min 内的测量时间不应超过 30s,否则可能损坏仪表和测试表笔连线。分流器内置熔断型保险管,如损坏则显示无输入,须断开测量电路才能进行更换。

三、万用表模式下的视波功能

在交流电压(电流)模式下,按压 "DIS" 键,可以显示被测试信号的波形图。视波功能经过数字万用表高压转换电路和频响补偿电路,使交流电压测量带宽提至 20kHz,在用万用表测量交流电压或电流的同时,不用转换输入端口和表笔,探针不用离开信号测试点,直接看到被测信号的波形,给音频范围内高电压测试及故障诊断带来便利。

进入视波功能后,按压 "F1" 键,屏幕将显示稳定的波形,同屏显示被测信号的频率和数字万用表测量读数(由于用万用表自动切换量程,同一量程的低端波形测量会 "失真")。

按压 "F5" 键退出视波状态,进入交流电压(电流)测量状态。在直流状态按

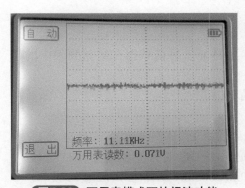

图7-22 万用表模式下的视波功能

压"DIS"键，会弹出提示窗口："非 AC 模式，不能显示波形"。如图 7-22 所示。

四、频率计数与占空比测量

① 将旋转开关拨至"JxHz"位置。

② 按屏幕提示，将黑色表笔测试线的香蕉插头插入负极性的 COM 插座，红色表笔测试线的香蕉插头插入正极性的 V 插座。

③ 按压"SEL"键，切换"Hz"和"%"测量方式（默认设置为"Hz"）。

④ 用表笔探针接触测试点，读出仪表显示的频率或占空比数值，显示结果包括数值、小数点以及单位。

⑤ 按压"HOLD"键，进入数据保持（屏幕显示目前数据在数据列表中的位置）；按压"F3"键，进入 HOLD 列表。

⑥ 按压"F1"键，进入或退出中文帮助窗口。

提示：　　频率计数 / 占空比测量时，被测信号不能低于 500mV/Vme，不能使用相对值（REL）。

警告：　　为避免仪表损坏，不可在测量端施加 250Vms 以上电压！

五、其他测试功能

1. 遥控器检测

将旋转开关拨至"JxHz"位置，并将被测遥控器指向仪表的顶端，按压遥控器按键，仪表蜂鸣器发出蜂鸣声，可以判断该遥控器工作基本正常（针对 38kHz 载频遥控器检测）。如果遥控器发生"频偏"故障，测试时仪表蜂鸣器可能也会发声，应该开启遥控器背盖，直接检测遥控器晶振频率并做出处理。有些条件下，照明接地对遥控器检测产生干扰，改变仪表位置或用顶部挡板遮挡遥控器接收器件，可能会消除干扰。

2. 晶振检测

将旋转开关拨至"JxHz"位置，接入晶振测量专用连接附件，插在"COM.

V.Ω.mA"输入端口，旋转开关置"JxHz"位置，将被测晶振引脚插入附件 Jx 测试孔内，正常情况下，屏幕显示读数就是晶振起振频率（测试范围 32kHz ～ 10MHz，高于 10MHz 会显示错误数据）。无读数则可能：晶振接触不好；晶振起振频率偏离测量范围；晶振损坏。如图 7-23 所示。

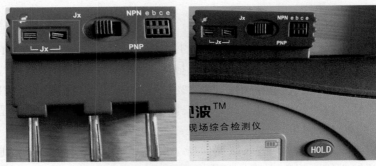

图7-23 晶振检测

3. 电阻、通断、二极管检测

（1）电阻测量

① 将旋转开关拨至"Ω"位置。

② 按屏幕提示，将黑色表笔测试线的香蕉插头插入负极性的 COM 插座，红色表笔测试线的香蕉插头插入正极性的 V 插座。

③ 按压"SEL"键，切换到"Ω"测量方式（默认设置为"Ω"）。

④ 用表笔跨接在被测电路或元件之上，最好将在线的被测部件的一端脱离原有的线路连接，以保证电路的其他部分不影响读数的正确性。

⑤ 读出仪表显示的电阻数值，显示结果包括数值、小数点以及单位。

⑥ 按压"REL"键，进入相对值测量（起始值会对本量程上限测量产生影响）。

⑦ 按压"HOLD"键，进入数据保持（屏幕显示目前数据在数据列表中的位置）；按压"F3"键，进入 HOLD 列表。

⑧ 按压"F1"键，进入或退出中文帮助窗口。

（2）通断测试

① 将旋转开关拨至"Ω"位置。

② 按屏幕提示，将黑色表笔测试线的香蕉插头插入负极性的 COM 插座，红色表笔测试线的香蕉插头插入正极性的 V 插座。

③ 按压"SEL"键，切换到"通断"测量方式（默认设置为"Ω"）。

④ 用表笔接触被测电路，如果电阻小于 30Ω，仪表将发出讯响。

⑤ 读出仪表显示的电阻数值，显示结果包括数值、小数点以及单位（最大读数 6600Ω）。

⑥ 按压"HOLD"键，进入数据保持（屏幕显示目前数据在数据列表中的位置）；按压"F3"键，进入 HOLD 列表。

⑦ 按压"F1"键，进入或退出中文帮助窗口。

提示：　　示波表系统设置关闭蜂鸣器，在进入通断和二极管测试时，强行开启蜂鸣器功能，如需继续关闭蜂器则需要在 DSO 状态下进入系统设置重新设定关闭蜂鸣器。

注意：　　为避免遭受电击，进行电阻、通断、二极管测试时，应首先切断被测装置的电源并将电源中电容器放电。

（3）二极管测试

① 将旋转开关拨至"Ω"位置。

② 按屏幕提示，将黑色表笔测试线的香蕉插头插入负极性的 COM 插座，红色表笔测试线的香蕉插头插入正极性的 V 插座。

③ 按压"SEL"键，切换到"▷⊢"测量方式（默认设置为"Ω"）。

④ 用表笔跨接在被测二极管或半导体 PN 结两端，注意仪表的读数。

⑤ 互换表笔位置以倒转表笔极性，注意仪表读数。

⑥ 二极管或半导体 PN 结的性质可以根据下列情况判断：

•如果一次的读数显示出一个电压值（0.2 ～ 0.7V）而另一次的读数显示"OL"，这个二极管是好的。

• 如果两次读数都显示"OL"，这个二极管断路。

• 如果两次读数都很小或者为 0，这个二极管短路。

⑦ 按压"HOLD"键，进入数据保持（屏幕显示目前数据在数据列表中的位置）；按压"F3"键，进入 HOLD 列表。

⑧ 按压"F1"键，进入或退出中文帮助窗口。

4. 三极管测量

① 将旋转开关拨至"V"位置。

② 三极管测量专用连接附件插在"COM.V.Ω.mA"输入端口（附件指示灯会亮）。

③ 按压"SEL"键，切换 DC 测量方式（默认设置为 DC），选择 6.000V 量程。

④ 附件拨动开关置"hEF"位置。

⑤ 根据被测三极管的极性将其引脚插入 NPN 或 PNP 型三极管所对应的 ebc 插孔内。

⑥ 显示电压值为三极管的等效放大倍数（1000V 对应放大倍数为 1000 倍）。无显示或读数不正确，可能是三极管极性、类型选择有误或三极管损坏，也可能 COM.V.Ω.mA" 输入端内置保险管熔断。

5. 电容测量

> 提示：在使用测量电容 66000μF 量程时，测量时间会大于 6.5s。

> 注意：电容测量时，须关闭被测装置电源，并对被测电容放电。

① 将旋转开关拨至"Cx"位置。

② 按屏幕提示，将黑色表笔测试线的香蕉插头插入负极性的 COM 插座，红色表笔线的香蕉插头插入正极性的 V 插座。

③ 用表笔跨接在被测电容引脚上，最好将在线的被测部件的一端脱离原有的线路连接，以保证电路的其他部分不影响读数的正确性。

④ 读出仪表显示的电容数值，显示结果包括数值、小数点以及单位。

⑤ 小电容测量要使用随机配的专用测试线夹。按压"REL"键，进入相对值测量，以抵消分布或引线等杂散电容的影响。

⑥ 按压"HOLD"键，进入数据保持（屏幕显示目前数据在数据列表中的位置）；按压"F3"键，进入 HOLD 列表。

⑦ 按压"F1"键，进入或退出中文帮助窗口。

6. 电感测量

> 提示：在测量电感时，测试频率随电感的大小在 300Hz ～ 156kHz 范围内变化。

① 将旋转开关拨至"Lx"位置。

② 按屏幕提示，将黑色表笔测试线的香蕉插头插入负极性的 COM 插座，红色表笔测试线的香蕉插头插入 Lx 插座。

③ 用表笔跨接在被测电感引脚上，最好将在线的被测部件的一端脱离原有的线路连接，以保证电路的其他部分不影响读数的正确性。

④ 读出仪表显示的电感数值，显示结果包括数值、小数点以及单位。

⑤ 小电感测量要使用随机配的专用测试线夹。

⑥ 按压"HOLD"键，进入数据保持（屏幕显示目前数据在数据列表中的位置）；按压 F3，键进入 HOLD 列表。

⑦ 按压"F1"键，进入或退出中文帮助窗口。

> **提示：** 测量电感时，相对值测量将被锁定。采用专用测试线夹。有条件时，先测量被测电感的直流电阻，电阻值偏离技术参数表格中所列典型电阻值，将会使测量误差增大。被测电感两端不能接入任何电压。

7. 相对值测量模式

相对值测量模式是一种显示实际测量值与参考差的测量模式，本仪器除频率与占空比测量外，其他功能都要使用相对值测量模式。

① 按压"REL"键，当前显示的测量数值被当作参考值存储起来，然后激活相对值测量模式，屏幕显示"▲"。

② 屏幕显示的数值为当前的测量值与预存的参考值之差。

③ 再次按压"REL"键，可以退出相对值测量模式，屏幕显示"▲"取消。

④ 进入相对值模式后仪表会自动将量程控制模式切换为手动模式。

⑤ 当测量功能或者量程发生改变，相对值模式将自动解除。

8. 峰值检测（P-D）模式

峰值检测模式可以显示在测量时间段内所测得的最大值和最小值，同屏显示当前值，这些数值随着每次新的测量结果不断比较而更新，并由按键控制实现峰值保持（P-H）。

① 将旋转开关拨至"V"位置。

② 按压"REL"键，进入手动量程切换，选择合适的测量量程。

③ 按压"SEL"键，选择 AC 和 DC 测量方式（默认设置为 DC，AC 显示符号"−"）。

④ 按压◄键，进入峰值检测模式，屏幕出现"P-D Max：0000　Min：0000"显示区域，峰值记录开始。

⑤ 按压►键，进入峰值保持，出现 P-H 符号，此时 Max 和 Min 显示来自峰值记录值检测过程中，不能中断测量，否则最小值记录为"0"。

⑥ 再次按压►键，结果峰值保持，但之前峰值检测没有被刷新，继续进行最大值和最小值的比较而更新数据显示。如图 7-24 所示。

⑦ 再次按压◄键，清空以前峰值记录，开始新的峰值检测。

⑧ 按压◄键并停留 2s 退出峰值检测、峰值保持状态。当 AC 和 DC 测量方式

发生改变，P-D、P-H 将自动改变测量状态，并刷新以前数据比较结果。如果按压 "REL" 键，由手动量程转换为自动量程时，P-D、P-H 将被自动解除。

图7-24 峰值检测模式

⑨ 按压 "HOLD" 键，当前值、最大值、最小值同时被保持，显示 "H" 符号，当前值同时存储在数据库中，并显示存储位置序号。再按 "HOLD" 键则解除三组数据的保持，只有退出峰值检测状态，才能进入保持列表。

提示：　　　峰值检测是有效值中的最大值和最小值，用示波表慢扫或单次测量才能观测到被测信号的 "峰值" 及瞬间尖冲。

六、　上位机通信软件功能

ET521A 可以与个人电脑（PC）通信。当仪表通过通信电缆与 PC 连接后，示波表的波形及数据等都可以上传至 PC，这些波形和数据可以显示在 PC 的屏幕上，并可以由 PC 保存、打印或通过粘贴功能直接提供给其他的 PC 软件。

在 ET521A 与 PC 之间提供通信连接，软件 PC521 用于在 PC 上处理来自示波表的数据。

USB 接口包括一根在两端连着插头的电缆。两个插头之一与示波表 USB 端口连接，另一个插头则插入 PC 的 USB 插座。

接口内部采用了光电隔离技术；接口两端的插头在电气上是绝缘的，而数据信息却可以在其中传递。由于 ET521A 示波检测仪在测量时有可能接触到较高的电压，这样的隔离技术有效地保障了 PC 以及操作者的人身安全。

第八章
示波器与其他仪器仪表的配合使用

第一节　示波器与数字万用表的配合使用

一、数字万用表的使用

T890 数字万用表不同外形图如图 8-1 所示。

图8-1　T890数字万用表不同外形图

　　首先打开电源，将黑表笔插入"COM"插孔，红表笔插入"V·Ω"插孔。

　　（1）电阻测量　将转换开关调节到 Ω 挡，将表笔测量端接于电阻两端即可显示相应示值，如显示最大值"1"（溢出符号）时必须向高电阻值挡位调整，直到显示为有效值为止。

为了保证测量准确性，在路测量电路中电阻时，最好断开电阻的一端，以免在测量电阻时会在电路中形成回路，影响测量结果。

注意：不允许在通电的情况下进行在线测量，测量前必须先切断电源，并将大容量电容放电。

（2）"DCV"——直流电压测量 表笔测试端必须与被测试端可靠接触（并联测量）。原则上由高电压挡位逐渐往低电压挡位调节测量，直到测量值落在该挡位量程的 1/3 ～ 2/3 为止，此时的示值才是一个比较准确的值。

注意：严禁以小电压挡位测量大电压；不允许在通电状态下调整转换开关。

（3）"ACV"——交流电压测量 表笔测试端必须与被测试端可靠接触（并联测量）。原则上由高电压挡位逐渐往低电压挡位调节测量，直到测量值落在该挡位量程的 1/3 ～ 2/3 为止，此时的示值才是一个比较准确的值。

注意：严禁以小电压挡位测量大电压；不允许在通电状态下调整转换开关。

（4）二极管测量 将转换开关调至二极管挡位，黑表笔接二极管负极，红表笔接二极管正极，即可测量出正向压降值。

（5）晶体管电流放大系数 h_{FE} 的测量 将转换开关调至 "hFE" 挡，根据被测晶体管选择 "PNP" 或 "NPN" 位置，将晶体管正确地插入测试插座即可测量到晶体管的 h_{FE} 值。

（6）开路检测 将转换开关调至有蜂鸣器符号的挡位，表笔测试端可靠地接触测试点，若两者低于 20Ω±10Ω，蜂鸣器就会响起来，表示该线路是通的，不响则该线路不通。

注意：不允许在被测量电路通电的情况下进行检测。

（7）"DCA"——直流电流测量 200mA 时红表笔插入 A 插孔，表笔测试端必须与被测试端可靠接触（串联测量）。原则上由高电流挡位逐渐往低电流挡位调节测量，直到测量值落在该挡位量程的 1/3 ～ 2/3 为止，此时的示值才是一个比较准确的值。

　严禁以小电流挡位测量大电流；不允许在通电状态下调整转换开关。

（8）"ACA"——交流电流测量　200mA 时红表笔插入 A 插孔，表笔测试端必须与被测试端可靠接触（串联测量）。原则上由高电流挡位逐渐往低电流挡位调节测量，直到测量值落在该挡位量程的 1/3 ～ 2/3 为止，此时的示值才是一个比较准确的值。

　严禁以小电流挡位测量大电流；不允许在通电状态下调整转换开关。

二、万用表与示波器的配合使用

万用表测量出来的电压值为有效值电压，不能测量峰值和平均值电压，示波器可以测试出不同形式的电压，在检修电路时往往用万用表与示波器配合使用。

 直流供电电路中示波器与万用表的配合使用

直流供电电路中，正常情况下示波器显示的是一条水平线可称作无波形，或者波形的幅度很小。若示波器显示的波形幅度很大，就可以用万用表检测直流电压，看看与正常值的区别。如果直流电压与正常值差别很大，往往是直流滤波电路有问题或者是该电路后面的负载端某处有局部短路造成过流引起的。这时可用万用表电阻挡检查滤波电容的充放电和漏电情况，与正常元件比较。如果该元件正常，再检查负载部分是否过流。方法是：找到限流电阻，测量该电阻上的压降，结合该电阻值估算出电流，做出是否因负载过大有局部短路的判断。

例如，某间接稳压自励开关电源，故障现象为光栅无规律闪烁，图像不同步，万用表测交流电源电压正常，但开关电源输出电压随着光栅闪烁有抖动，用示波器观测该处波形，发现本来为 10V 左右的锯齿状波形变为幅度为上百伏的锯齿状波形，再查整流滤波输出 300V 电压处变为约 200V，怀疑滤波电容（高耐压电解电容，400V/100μF）容量减少。用万用表 R×1k 挡检查该电容的充放电证实了这个判断。原来是由于供电线路出现过"零线断开"，致使该处设备所接的相电压过高，使得整流输出电压过高，使加在该电容上的电压过高，导致电容中的电解液泄漏，容量减小。

2. 信号通路中示波器与万用表的配合使用

（1）万用表内阻的影响不可忽略时万用表与示波器的配合使用　用万用表检查信号通道时，往往测量的仅是平均电压。当平均电压与正常值差别较大时，不要盲目下结论而换元件。当所用的万用表型号不同、测量的方法不同时，在有些特殊部位的测量值往往差别很大，会使我们把本来是正常的元件误认为成故障元件而拨下来。印制电路板经多次拔插会损坏且也影响外观。由于示波器的输入电阻远大于万用表，这时最好用示波器观察其波形。可以用示波器的直流耦合输入（DC 输入）测量平均直流电压值，用交流耦合输入（AC 输入）观察叠加在直流上的波形，然后与万用表测量结果对比再下结论。

（2）小信号通路上万用表与示波器的配合使用　在以万用表检修彩电时，使用最多的是直流电压挡，而用直流电压挡测量信号通路上直流脉动电压或脉冲电压时，得到的是平均值，在电路图中所标出的电压值往往就是这个值。电路正常与否，有无信号流通，电压的平均值都可能变化，有些部位变化明显，维修者常可以根据经验作出判断，有些部位电压变化不明显，这时就得借助示波器来进行检查，以便做出准确的判断。一般的规律是：对于小信号通路，若为连续周期性信号，仅用万用表测量只能得到电路直流通路是否正常的结论，至于信号是否正常流通，要用示波器观察；对于那些随图像内容的变化，波形形状和幅度随之变化的测量点，在经验不足时也要依赖示波器；而对诸如周期、幅度是否正常的判断使用示波器是必需的。

（3）测量大幅度脉冲电压平均值时万用表与示波器的配合使用　维修实践表明，使用万用表直流电压挡测量时要注意万用表的型号。在测量大幅度脉冲电压的平均值时，由于万用表的内部电路结构的差异，测量结果会对检修人员造成假象以致误判。例如在使用 MF92 型万用表测量彩电行输出管集电极电压时，测量的结果竟高达 1000V，而电源供电端子 112V 正常，查了所有的相关电路都未发现异常。用示波器观察，该点的行逆程脉冲为 1000V，是正常的。采用 MF47 型万用表重新测量，测量结果为 112V，属于正常值。经波形分析发现，测量脉冲电压平均值有误差的万用表（如 MF92 型），其结构如图 8-2（a）所示，与无误差的万用表（如 MF47 型）的结构有差别。

测量脉冲电压平均值有误差的万用表，在使用直流电压挡时，为交流电压挡整流设计的二极管 VD1、VD2 始终是接入电路的（开关 S 是闭合的），而无误差的万用表（如 MF47 型等）中在直流电压测量时这条支路是断开的（开关 S 断开）。这两种接法，虽然在直流测量上没有什么不同，但却对脉冲平均电压测量有不同的效果。由于脉冲电压有丰富的谐波，而电路中不可避免地有分布电容的存在，这些分布电容与电阻网络构成的阻容网络对脉冲电压的响应，使加在表头上的信号变成如图 8-2（c）所示的波形。如果 VD1、VD2 支路是断开的，阻容网络在表头两端电压波形上、下阴影部分的面积是相等的，其直流平均值由于上、下阴影面积一正一负而抵消，实际测量的平均值不受分布电容的影响。若 VD1、VD2 支路始终是接入的话，由于二极管对负向脉冲的限幅作用，使负向脉冲的阴影面积小于正向脉冲的阴影面积，如图 8-2（d）所示，使平均值偏大，而且脉冲的幅度越大，偏差越大。

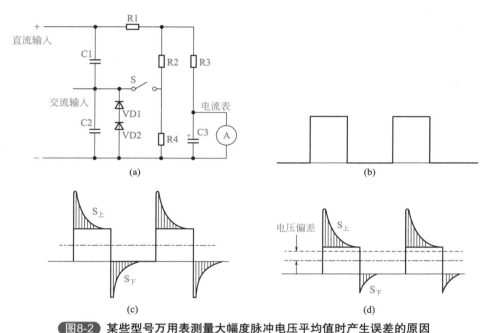

图8-2　某些型号万用表测量大幅度脉冲电压平均值时产生误差的原因

（a）直流电压挡等效电路；（b）加在直流输入端子之间的方波电压；
（c）开关断开时加在表头上的波形；（d）开关闭合时加在表头上的波形

所以，当用万用表测量诸如开关电源、行输出等部位幅度较大的脉冲电压时，若出现电压偏高时，可用示波器进行观察。若波形、幅度正常，一般来说是所用的万用表不适合测量大幅度脉冲电压的平均值。为了可靠，最好用 MF47 等型号的万用表，可避免由于万用表本身而带来的错误判断。

3. 示波器与万用表配合使用快速查寻故障

在检修某设备时，根据故障现象决定应先用示波器还是先用万用表。例如，对电源部分应先以万用表测量整流滤波后的电压是否正常，若这个电压正常而开关电源无输出，可借助示波器检查开关电源有关电路的波形，根据有无波形，再用万用表检查相关元器件。

对于小信号部分，应先用示波器把故障压缩到一个小范围再用万用表检查元器件。

第二节 示波器与信号发生器的配合使用

一、信号发生器的作用与性能参数

（1）**信号发生器的作用与构成** 信号发生器是一种可以提供精密信号源的仪器，也就是俗称的波形发生器，最基本的应用就是通过函数信号发生器产生正弦波、方波、锯齿波、脉冲波、三角波等具有一些特定周期性（或者频率）的时间函数波形来供大家作为电压输出或者功率输出等。它的频率范围跟它本身的性能有关，一般情况下可以从几微赫兹至几毫赫兹，甚至还可以显示输出超低频直到几十兆赫兹频率的波形信号。

图 8-3 是其简化框图。

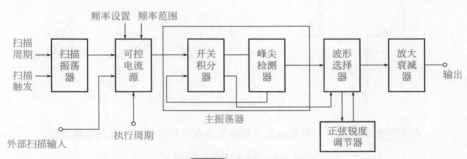

图8-3 简化框图

（2）**性能参数** 每个信号发生器的性能参数都有区别，但是大致上我们需要了解的性能参数包括输出频率、输出阻抗、可输出信号波形、信号幅度及类型、扫描方式、调制方式、输出信号方式、稳定度、信号范围、显示方式等。函数信号发生器如图 8-4 所示。

二、信号发生器的使用方法

1. 面板及操作说明

我们必须清楚地知道面板上每一个可以操作的旋钮、按键等的功能及作用，才可以更好地去使用信号发生器。我们常用到的按键包括电源开关 POWER、频率显示屏、频率倍乘电位器、频率计输入衰减选择开关、频率计输入选择（EXT/

INT)、频率计输入端、TTL/CMOS 输出端、模拟信号输出端、占空比调节 / 反相输出选择（DUTY/INVERT）、输出信号偏置调节、TTL/CMOS 选择及 CMOS 电平调节、模拟输出信号幅度调节（AMPLITUDE）/ 输出衰减（ATTENUATION）、模拟输出波形选择开关（FUNTION）、频段选择开关等。

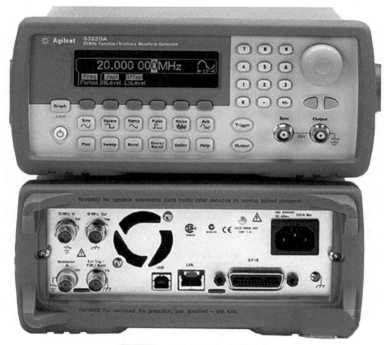

图8-4　函数信号发生器实物

2. 使用操作步骤

　　① 将信号发生器接入交流 220V、50Hz 电源，按下电源开关，指示灯亮。

　　② 按下所需波形的选择功能开关。

　　③ 在需要输出脉冲波形时，拉出占空比调节旋钮，调节占空比可获得稳定清晰波形。此时频率为原来的 1/10，正弦波和三角波状态时按入占空比调节旋钮。

　　④ 当需要小信号输出时，按下衰减器。

　　⑤ 调节幅度旋钮至需要的输出幅度。

　　⑥ 当需要直流电平时拉出直流偏移调节旋钮，调节直流电平偏移至需要设置的电平值，其他状态时按入直流偏移调节旋钮，直流电平将为零。

3. 使用注意事项

　　① 仪器需预热 10min 后方可使用。

②把仪器接入电源之前，应检查电源电压值和频率是否符合仪器要求。

③不得将大于 10V（DC 或 AC）的电压加至输出端。

三、信号发生器与示波器配合应用

1. 与正弦波发生器配合使用检测伴音通道

与正弦波发生器配合使用检测伴音通道的方法是：断开伴音的鉴频输出至音频放大的通路，音量控制调至中间状态，将正弦波发生器发出的音频信号加至某设备音频放大的输入端，观察示波器 Y 轴输入端至音频输出端波形的变化。若显示的仍为正弦波且幅度能满足要求，说明电路正常。若出现如图 8-5（a）所示的波形，即正峰饱和或负峰截止的限幅失真，这时伴音会产生类似高低音重唱的偶次谐波失真。如出现如图 8-5（b）所示的寄生振荡，伴音会产生声音模糊、难以听清的奇次谐波失真。这是由于正弦波失真产生了谐波，谐波次数愈高幅度愈小，所以谐波中影响最大的是最低次。正负不对称时二次、三次、四次等谐波都会产生，影响最大的是二次谐波；对称失真中不产生偶次谐波，所以影响最大的是三次谐波。

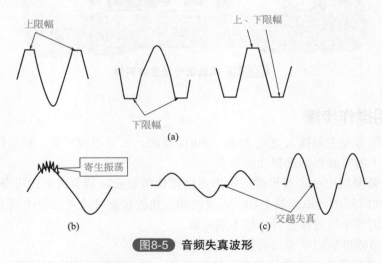

图8-5 音频失真波形

（a）限幅失真；（b）寄生振荡；（c）交越失真

在音频放大电路中，由于公共电源耦合或寄生反馈，在最大功率输出时也可能产生寄生振荡，这时在输出端可观察到图 8-5（c）所示波形，在 OTL（output transformerless，无输出变压器）型音频功放电路中因元件变质或损坏很容易造成交越失真，其失真的程度随信号功率输出减小而增大。

2. 与方波信号发生器配合检测元器件

元器件检测是彩电检修中必不可少的步骤，通常用万用表及电感、电容测试仪就可检测大部分元器件有无故障及其质量优劣。但对彩电中的一些特殊元件、部件，使用这些仪表就难以判定，而示波器与方波发生器配合使用则是检测的有效方法。

例如光电耦合器的波形检测，方法如下。

在彩电中，光电耦合器可作为信号隔离传输或隔离控制开关用，其内部电路如图 8-6 所示。在其内部设有红外发光二极管和光敏三极管，它通过光耦合来传递信号，因此，输入端与输出端是电绝缘的。检测时可经限流电阻将发光二极管接到低压直流电源，或用万用表的电阻低量程挡，黑表笔接发光二极管正极，红表笔接发光二极管负极，使发光二极管导通，将低频信号源方波加至 3，示波器探头接至 4，示波器上应出现被测试的信号，否则说明此光电耦合器有故障。

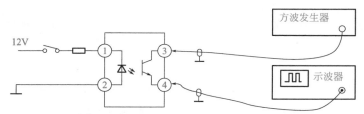

图8-6 示波器与方波发生器配合检测光电耦合器

第九章
用示波器检修电路

第一节　示波器在电路中不同元器件后测量波形的变化及特点

　　信号在电路中通过不同的元器件会有不同的变化，有些是波形幅度变化，有些是波形形状变化，还有的可能是相位变化，也有些信号被处理后变成了不同的直流电压，有些信号被分离，有些信号被吸收，等等。

 ### 一、信号经过电容器类元件

　　电容器是在电路中被用得最多的元件之一，在彩电电路中大多是起耦合信号、分压、滤波作用，以及用于微分电路或积分电路等，也用作振荡定时、形成锯齿波形。

　　关注与重点：耦合信号的电容将信号从前级输送到后级，相对信号频率而言，电容取值比较大。中放电路输入耦合电容一般为 $0.01\mu F$，信号为 38MHz 的中频信号。场输出耦合电容容量一般为几百微法到 $1000\mu F$，信号为 50Hz 的场频。通过这些电容后波形基本不变，即正常情况下，在耦合电容两端测得的波形应当一致，如果差别较大，就应检查耦合电容。在图 9-1 中的 C402（$0.47\mu F$）即耦合行逆程脉冲电容。正常情况下，C402 两端的波形是完全相同的锯齿波。

　　某台设备的行扫描有关电路如图 9-1 所示。故障现象为行失真（图像变为左高右低的斜条），调行同步电位器 R451（图 9-1 中未画出）后可以同步，但图像左移，屏幕右侧出现一垂直黑带，再调节行中心调节电位器 R452，行失真故障又重新出现。用示波器测视频、色度及行场扫描集成电路 TA7698AP 的第 35 脚行 AFC 端子波形，波形幅度极小且不是锯齿波。测行逆程脉冲耦合电容 C402 接电阻 R402 的一端波形则变为 6.2V 的逆程脉冲，如图 9-2 所示，因而焊下 C402 检查，查出该电容已无容量，更换电容后故障排除。

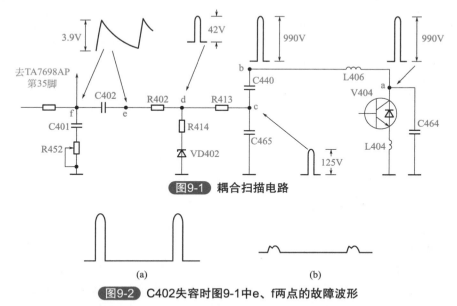

图9-1　耦合扫描电路

图9-2　C402失容时图9-1中e、f两点的故障波形

（a）C402 失容时图 9-1 中 e 点的故障波形；（b）C402 失容时图 9-1 中 f 点的波形

关注与重点：电容在电路中也可作为交流分压用。作分压用时，电容量小的电容器工作电压高，电容量大的电容器工作电压低，即工作电压与电容成反比，电压波形基本不变。图 9-1 中的 C440（0.0075μF）和 C465（0.047μF）就是对约 1000V 的逆程脉冲进行分压的两个电容，C440 上分得的电压较高，而 C465 上分得的电压较低约 125V，波形形状则相同。

电容在电路中也常被用作积分电压电路元件。图 9-1 中的电容 C401 与电阻 R452 组成 RC 积分滤波电路，行程脉冲经此积分电路形成行频锯齿波电压。

图 9-3 所示为某设备调谐电压产生与控制电路，R787、C783、R786、C782、R785、C105 组成三节 RC 积分电路。微处理器 M34300N4 的调谐电压输出端子第 20 脚输出的 5V 调宽脉冲信号经三极管 V785 倒相放大后，经第一节积分电路后形成有一定波动的直流电压；经第二节积分电路后就变成 0 ~ 32V 可调的直流调谐电压；再经第三节积分电路后通过隔离电阻 R106 加到高频调谐器的 TU 端子。

二、信号经过电阻器类元件

电阻器也是在电路中用得最多的元件之一，一般多用于隔离限流、负载、分压及积分电路和微分电路等，在供电部分也与电容组成去耦滤波电路。

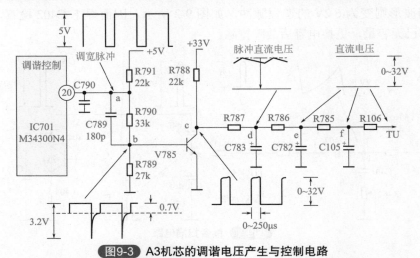

图9-3　A3机芯的调谐电压产生与控制电路

可调电阻在电路中多用于电路静态工作点调节、波形幅度调整或波形线性及上升快慢调整等用途。

关注与重点：电阻分压电路分压点的波形一般与未分压时的波形形状相同，如图 9-1 中 R413 与 R414 分压点 d 的波形与 c 点的波形相同，只是幅度变为 42V。

图 9-3 所示，微处理器 IC701（M34300N4）调谐电压输出端第 20 脚输出的调宽脉冲信号，经 R790、R789 组成的分压电路，得到合适的幅度，加在三极管 V785 的基极。在无电容 C789 时，分压点 b 的波形与 a 点波形形状一样，仅幅度小一些。C789 是为提高 IC701 第 20 脚输出脉冲对倒相放大管 V785 的控制速度而设置的，因而叫加速电容。C789 又与 R789 组成微分电路，因而 b 点的波形上叠加了微分波形。当三极管 V785 基极接入 b 点后，其发射结与 R789 并联，由于其发射结的正向钳位作用，因而 b 点波形的正向脉冲仅 0.7V，也没有向上的尖脉冲，如图 9-4 所示。

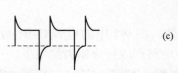

图9-4　图9-3中b点波形的几种情况

（a）b 点止带波形；（b）断开 C789 时 b 点的波形；（c）断开 V785 基极时 b 点波形

图 9-1 中，行程脉冲经电容 C401 与电阻 R452 组成的 RC 积分滤波电路形成行频锯齿波电压，改变与电容 C401 串联的可调电阻 R452（200Ω），实际上是改变锯齿波上升边的斜率，即改变积分波形上升的快慢，从而调整行相位（在行同步的状态下，微调画面的水平位置）。将 R452 左旋时，阻值减小，上升沿斜率减小，图像右移；将 R452 右旋时，阻值增大，上升沿斜率增大，图像左移。如图 9-5 所示。

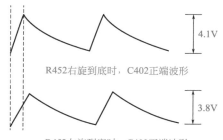

R452右旋到底时，C402正端波形

4.1V

R452左旋到底时，C402正端波形

3.8V

图9-5 改变R452阻值时改变波形上升沿的斜率

三、 信号经过电感器类元件

电感器在电路中常作为频率补偿、隔离、耦合等用途的元件，也常用在带通滤波、去耦滤波和谐振回路等电路中。

电感器作为电抗器，在某些设备中也作为扫描电路的行线性调整或行幅度调整等电路的元件，作为电感性负载应用的有偏转线圈等。

关注与重点：偏转线圈或电抗器两端的电压波形变化是比较大。如图 9-6 所示为在 A3 机芯行偏转线圈支路上几个测试点测得的波形，图中 L462（LX-130）为行偏转线圈，L441 为电抗器（行线性线圈）。通过行偏转线圈 L462 后，脉冲幅度由 1000V 降为 100V，再经过电抗器 L441 后尖脉冲没有了。

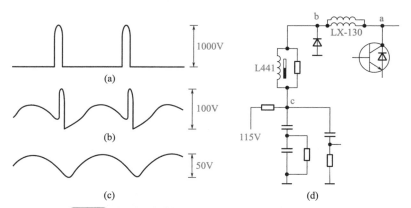

图9-6 通过行偏转线圈和行线性线圈后波形的变化

（a）a 点波形；（b）b 点波形；（c）c 点波形；（d）电路

图 9-7 给出 TA 两片机芯的解码和扫描集成电路 TA7698AP 第 32 脚测得的行振荡输出脉冲的波形及通过滤波电感 L407 后的波形。当垂直幅度置于 0.5V/DIV 挡时，两波形还看不出有什么不同，但当垂直幅度开关置于较小挡位如 0.1V/DIV 挡

时，可看出波形还是有一定区别的。

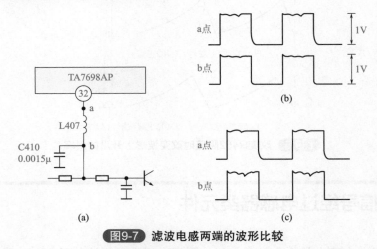

图9-7 滤波电感两端的波形比较

（a）电路；（b）用 0.5V/DIV 挡时观察到的波形；（c）用 0.1V/DIV 挡时观察到的波形

　　在某些设备电路中，常用电感器和其他元件组成带通滤波器。图 9-8 给出了 A3 机芯的全电视信号分别经过色度带通滤波器和色度陷波器后的变化。图中电容 C251、C252、电感 L251 等元件组成色度带通滤波器。a 点的全电视信号经此色度带通滤波器后，到达 LA7680 的第 40 脚色度信号输入端子的信号就只有色度信号和色同步信号了。图 9-8 中 LC202 为色度陷波器，实际是一个 *LC* 串联谐振电路，其作用是吸收掉全电视信号中的色度信号，因而到达 LA7680 第 38 脚视频信号输入端子的信号是亮度信号。图中 LD201 为亮度延迟线。

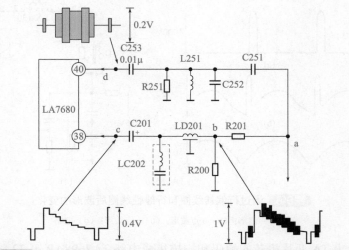

图9-8 全电视信号分别经过色度带通滤波器和色度陷波器后的变化

四、信号经过延迟类元件

在某些设备电路中，亮度通道的带宽为 6MHz 左右，而色度通道的带宽小于 1.5MHz，故信号通过两个通道时产生的附加相移不同，色度信号产生的附加相移较亮度信号产生的附加相移要大。将相移误差折算为时间上的延迟，则色度信号到达基色矩阵的时间要比亮度信号落后 0.6μs 左右，结果会造成屏幕上彩色和黑白轮廓不重合，因而一般在亮度通道中加入"亮度延迟线"，将亮度信号人为地加以延迟，使亮度信号和色度信号从分离点到解码矩阵的时间相等。图 9-8 中，LD201 即亮度延迟线，测试此信号时应用双踪示波器，示波器探头分别连接在亮度延迟线两端（b、c 两点），扫描速度开关可放在 1μs/DIV 挡，垂直幅度开关可放在 50mV/DIV 挡。由图 9-9 可知，经过延迟线后，信号被延迟了一段时间，图中 c 点波形中没有了色同步信号，这是因为输入信号经过延迟线后又经过了 4.43MHz 的色度陷波器 LC202。

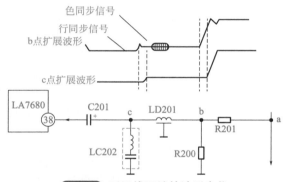

图9-9　延迟线两端的波形变化

在 JVC7695 等机芯的色同步信号与色度信号的分离电路中，色同步选通脉冲就是由行同步脉冲经延迟后形成的。图 9-10 所示为 JVC7695 机芯的色同步信号与色度信号分离电路。L201、R303、C302 等元件组成行同步脉冲延迟电路，正向行

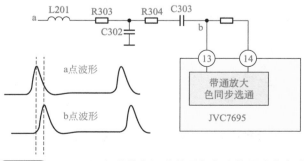

图9-10　JVC7695机芯的色同步信号与色度信号分离电路

同步脉冲经此延迟电路后，延迟约 4.3μs，与色同步信号在时间上对齐，以此作为色同步选通脉冲，加至色解码集成电路 TA7193AP 的第 13 脚色同步选通脉冲输入端，第 13 脚外接的小电容 C303 是为隔离场同步脉冲而设置的。

五、信号经过放大电路

这里主要讨论输入和输出都为脉冲信号的共发射极放大器和对色差信号为共发射极、对亮度信号为共基极的末端视频放大器，这两种情况都有一定的典型性。

关注与重点：在图 9-3 所示的负载为 RC 电路的共发射极放大器中，由三极管 V785 基极输入的信号是脉冲信号，在输入信号的正值期间，三极管 V785 饱和导通，集电极电压接近于 0，在输入信号的负值期间，三极管 V785 由饱和状态退出而变为截止，集电极输出高电平，因而由集电极输出的信号是倒相放大了的脉冲信号，其脉冲宽度会随输入脉冲宽度变化而变化。由于三极管 V785 的集电极负载是 RC 积分电路，故集电极输出脉冲的幅度也随脉冲宽度而变化，在输出脉宽接近于 0 时，输出脉冲的幅度也趋近于 0，随着输出脉冲宽的增加，输出脉冲的幅度也增加（如果断开电阻 R787，三极管 V785 集电极脉冲就只有宽度变化而没有幅度变化了），当输出脉宽为最大值 250μs 时，输出脉冲的幅度也为最大值 32V。

在 A3 机芯中，彩电的基色矩阵电路主要由三个结构基本相同的末级视放电路组成。末级视放电路对色差信号而言，是共发射极放大器，三个色差信号 R-Y、G-Y 和 B-Y 分别加到末级视放管的基极，经倒相放大，由各自的集电极输出负极性的色差信号即 -(R-Y)、-(G-Y)、-(B-Y)。亮度信号 -Y 加到视放管的集电极叠加，产生负极性的三基色信号 -R、-G、-B，再经过隔离电阻加到显像管阴极上。图 9-11 给出加在末级视放管 V601 基极的蓝色差信号、发射极的亮度信号以及由集电极合成后输出的蓝基色信号。

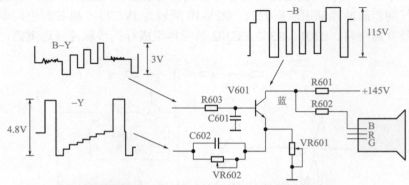

图9-11 B-Y信号与-Y信号在末级视放管的合成

六、　信号经过钳位电路

　　钳位电路也叫直流恢复电路，其作用是恢复亮度信号失去的直流分量，以避免彩色图像的背景亮度变化和彩色失真。由于行消隐脉冲的电平相当于图像信号的黑电平，把行消隐脉冲钳位在同一电平上，则图像信号的黑电平就被钳位了，也就是恢复了图像的直流分量。

　　在 TA 两片机芯的解码和扫描集成电路 TA7698 中，经 4.43MHz 陷波和 0.6μs 时间延迟后的视频信号由第 3 脚输入（第 3 脚外电容叫钳位电容），经过黑电平钳位放大器恢复直流分量、亮度控制等处理以后，从第 23 脚输出，如图 9-12 所示。图中还给出调节亮度时第 23 脚视频信号波形各部分的变化情况。由图可知，在 TA7698 中，经过钳位后的视频信号，其最高电平脉冲的宽度已接近行消隐脉冲的宽度，不再是行同步脉冲的宽度。还可看出，改变亮度时，实际上改变的是钳位电平，使信号的直流分量发生变化。测试时，示波器输入采用直流耦合方式。

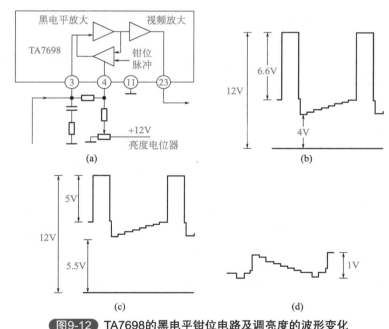

图9-12　TA7698的黑电平钳位电路及调亮度的波形变化

（a）电路；（b）亮度较高时的第 23 脚波形；（c）亮度较低时的第 23 脚波形；（d）第 3 脚波形

七、　信号经过校正电路

　　在彩电中，亮度通道设置了 4.43MHz 副波陷波电路，将亮度信号从全电视信号中分离出来。色度副波陷波电路吸收了彩色全电视信号中 4.43MHz 附近的色度信号，但同时也使得亮度信号的高频成分有所损失，因而图像的突变部分变成了缓慢变化的过渡区，轮廓变模糊，清晰度变差。

图像轮廓校正电路也叫勾边电路，作用是给脉冲信号的缓变部分加上一对相反的尖脉冲，改善脉冲上升沿和下降沿的波形，提高清晰度。图 9-13 为 JVC7695 机芯亮度信号中的一个脉冲波形通过轮廓校正电路后的变化。

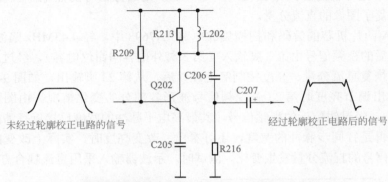

图9-13　脉冲波形通过轮廓校正电路后的变化

八、信号经过同步分离电路

全电视信号中的同步脉冲具有最大幅度，所以利用幅度分离的方法可将复合同步信号从全电视信号中分离出来。图 9-14 为 TA 两片机芯解码与扫描集成电路 TA7698AP 的同步分离电路，第 40 脚输出的全电视信号，经隔离电阻 R301 等进入第 37 脚内部的同步分离电路。分离出的复合同步脉冲，一路由集成电路内部加至行 AFC 电路，另一路经第 36 脚输出。根据行、场同步脉冲宽度及频率相差很大的特点，第 36 脚输出的幅度约 7V 的复合同步脉冲，再经积分电路分离出场同步信号，进入第 28 脚去控制场振荡器。

九、信号经过频率电路

亮度信号的频带宽度为 6MHz，色度信号和色同步信号是在以 4.43MHz 为中心的 2.6MHz 的带宽内。频率分离电路是根据色度信号和亮度信号的频带不同的特点对两者进行分离的电路。在图 9-8 中，A3 机芯中的全电视信号经过 4.43MHz 色度带通滤波器后，在小信号处理集成电路 LA7680 的第 40 脚得到色度信号，而经过 4.43MHz 色度陷波器后，在第 38 脚得到亮度信号。波形的这种变化是经过频率分离电路后产生的变化。

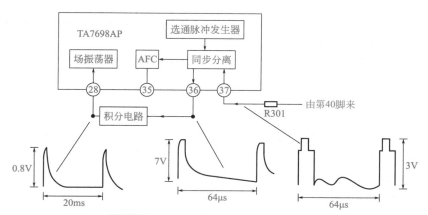

图9-14 波形经过同步分离电路后的变化

第二节　正常波形与故障波形

 信号无波形或波形时有时无

　　被检测点无波形反映出信号没有送到该点，可能是电路有开路，使信号中断，也可能是被检测的点与地或其他部分有短路。

　　例如，检修一台 A3 机芯的彩电，故障是彩色失真，用示波器检测基色矩阵电路，红阴极和蓝阴极激励波形正常，而绿阴极无激励波形，测绿激励管集电极，基极均无波形，再测小信号处理集成电路 LA7680 的第 22 脚绿色差信号输出端子也无波形，断开第 22 脚外接的跨线，再测第 22 脚仍无波形。判断为小信号处理集成电路 LA7680 内部色度矩阵损坏，更换集成块后故障排除。

　　又如检修一台长虹 CJK83B2 彩电，故障现象是彩色无规律地时有时无，用示波器检测解码及扫描集成块 N201（TA7698AP）的第 13 脚副载波振荡器晶振驱动端子波形，发现有彩色时振荡波形正常，彩色消失时该测试点的波形也消失（图 9-15 为检查时的实测波形），因而确定故障范围在 4.43MHz 振荡电路。检查压控振荡器的有关电路，查出晶振 BC223 一端与焊盘之间似有一圈细微裂纹，故障由此

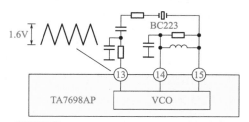

图9-15 TA7698AP第13脚振荡波形时有时无，造成彩色时有时无

脚开焊造成的。

 二、信号波形幅度偏差过大

被检测点的波形幅度与正常值比较偏差过大，也反映出电路工作不正常。例如，耦合电容容量变得过小或馈送信号支路的电阻阻值增大，一般会使波形幅度衰减很多。放大器的多路负载的某一路负载开路，一般会使放大器输出端的波形幅度增大。放大器工作点的变化，振荡电路的某些部位开路、短路也会使波形幅度变化。例如，CS38-2 彩电开关电源变压器的第 7 脚接地端子开路时，开关管 Q901 集电极波形幅度由正常值 400V 变小为 200V，如图 9-16 所示。

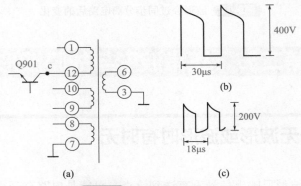

图9-16 波形幅度偏差过大

（a）开关电源变压器与开关管的连接；（b）Q901 集电极正常波形；
（c）变压器第 7 脚开路时 Q901 集电极波形

 三、信号波形发生畸变

引起波形发生畸变的原因，常见的有电容元件变值、与电阻并联的电感元件开路等，也有些是放大器的工作失常引起的。

例如一台凯歌牌 4C5405 型彩电，调不出正常图像，有时还出现负像。检查时，测有关电路（图 9-17）的波形，小信号处理集成块 N301（LH4501）第 17 脚视频输出端子到陷波器 Z303 左侧波形正常，而 Z303 右侧波形严重畸变，由此查出 Z303 内部的电感线圈开路。

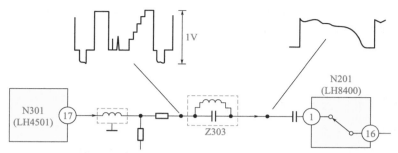

图9-17 Z303内部电感线圈开路使Z303右侧波形畸变

 四、信号波形频率偏移或脉冲宽度不正常

　　波形频率偏移或脉冲宽度发生变化，说明振荡的时间常数回路可能有问题。当振荡电路定时电容容量变小后，会使振荡频率增高。例如黄河 HC48-1V 彩电，当脉宽调整电路定时电容容量变小时，电源开关管的基极、集电极两处波形频率都会变高，而波形的幅度则会变小，波形与图 9-16 中的故障波形类似。

五、信号波形相位偏移或反相

　　波形相位偏移或反相也是彩电维修中常见的一类故障。波形反相也称波形倒转，正脉冲变成了负脉冲，而负脉冲则变成了正脉冲，多由放大器工作失常造成。例如一台金星 C38-401 型彩电，图像淡薄，关掉彩电时呈黑白负像。用示波器测得亮度通道第二视放管 Q302（2SA836）集电极波形反牙（图 9-18）。万用表测得 Q302 集电极电压由正常值 5.8V 上升到 8V 左右。焊下 Q302 检查，其集电结已击穿，Q302 是具有倒相放大作用的 PNP 型管，集电结击穿后失去了倒相放大作用，故集电极波形与基极波形相位变成相同了，而且幅度也变小。

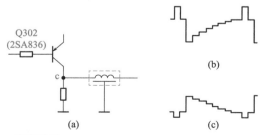

图9-18 Q302集电极波形相位相反（反牙）

（a）倒相放大电路；（b）c点正常波形；（c）c点故障波形

六、 信号波形上有杂波

1. 信号波形上寄生振荡杂波

如果在正常波形上叠加有寄生振荡波形，表明电路中存在寄生阻尼振荡，这在电源或行扫描电路中较为常见，寄生振荡的频率较高，由电路辐射出去，再由通道接收回来形成干扰。另外，寄生振荡的尖峰电压对振荡管的耐压要求提高了。在电源或行推动部分，这种寄生振荡幅度在一定限度内是允许的，因而在电路中一般滤波吸收电路以衰减寄生振荡的尖峰幅度。图 9-19 所示为 A3 机芯开关电源有关电路，图中电阻 R525 和电容 C516 组成开关管集电极尖峰电压抑制电路，吸收因开关变压器漏感和分布电容引起的寄生振荡的尖峰电压，从而降低开关管V513 的耐压要求。

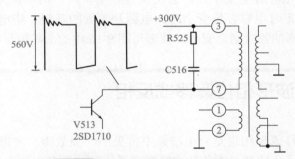

图9-19 波形上叠加有寄生振荡波形

2. 波形中有附带杂波

杂波波形表现在示波器上，看到的不是一条清晰的波形，而是由许多波形平移叠加或杂乱地同时显示。有时其中一条波形较亮，其他的波形则较暗，通常把这称作波形"不干净"，如图 9-20 所示。造成这种杂波干扰的原因可能是滤波电容失效、某些元件或线路板漏电等。

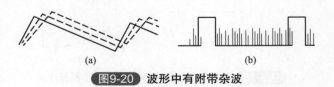

(a)   (b)

图9-20 波形中有附带杂波

第三节　示波器接地选择及使用时注意的问题

一、关于接地

一般而言，并联式开关电源的地有两个，即"热地"和"冷地"。以图 9-21 所示的电路为例，图中的黑线圈起来的部分表示"热地"，这个地是开关电源一次侧的地，和市电地相连，与"热地"相连的底板称为"热底板"；图中的"⊥"表示"冷地"，这个地是开关电源二次侧的地，和负载相连，与"冷地"相连的底板称为"冷底板"。

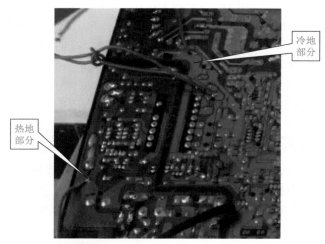

冷地部分

热地部分

图9-21　电路板中的"冷地"与"热地"

"热地"与"冷地"的根本区别，在于机器底板零电位参考点与市电电网有没有"直接的电的联系"。有直接联系的地是"热地"，机内的"热地"对大地存在约一百多伏的电压，如果误触了机内的"热地"以及与"热地"相连的元件，极有可能遭受电击，甚至发生生命危险；相反，"冷地"与市电电网没有"直接的电的联系"，用手触摸"冷地"以及与"冷地"相连的元器件，一般不会触电。

对于串联式开关电源，只有一个"热地"，也就是说，串联式开关电源的一次侧与二次侧是同一个地，都为"热地"。由于液晶显示器通过电缆信号直接与计算机主机相连，因此，液晶显示器的开关电源不能采用串联式开关电源，否则，会使计算机主机带电，这是不允许的。

二、 测试时隔离变压器的应用

1. 认识隔离变压器

　　通过认识接地可知道，设备开关电源的一次侧"热地"是带电的，因此，在用示波器维修开关电源时，为确保人员、显示器和仪器的安全，建议采用隔离变压器。

　　隔离变压器是一个一次与二次绕组匝数比为1∶1的变压器。实际上为克服变压器自身的损耗（铜损与铁损），须把二次侧的匝数多绕5%左右，即空载时二次电压较一次电压约高5%。这可以作为区分一次与二次绕组的方法之一。在维修工作中使用隔离变压器，一是为了使一次电压与二次电压隔离，实现浮动（悬浮）电位，以保证测试时的人身安全；二是具有防雷击和滤除电源中杂波干扰的功能。

　　在目前采用的"三相四线制"供电网中，用电器（负载）必有一根线接相线（火线），一根线接地线（严格说应是中线），当负载有漏电或人体触及带电体的某点时，电流就会通过人体流入大地而发生触电事故。若把负载接入隔离变压器的二次侧，虽然电压仍为220V，但与地之间已无相关电位，实现了电位浮动。使用隔离变压器后，单独触及负载上任一点时均不会发生触电事故，但若同时触及电位差较大的两点时也会发生触电，不过这种情况是很少发生的，人员就会比较安全。

2. 采用隔离变压器时示波器与开关电源的连接

　　要用示波器来观测开关变压器一次侧电压波形时，必须使用隔离变压器进行隔离，其正确连接方法如图9-22所示。因为一次侧地线为"热地"，线上存在着很高的电压，若不采用隔离变压器进行隔离，当示波器地线与开关变压器"热地"

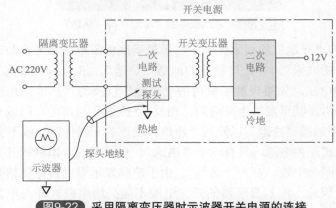

图9-22 采用隔离变压器时示波器开关电源的连接

相连时，将使示波器外壳带电，对维修人员的安全构成很大威胁。当然，如果用示波器测量开关电源二次侧波形或主板电路波形时，由于其地为"冷地"，可以不采用隔离变压器。

在测量主板小信号部分时，示波器探头接地点要尽量远离行输出级部分的地，地线夹引线也不宜过长，不然测量的波形上易叠加上行脉冲干扰波形，引起误判。

小信号测量中的同步

若测量信号比较弱，示波器上显示的波形就不容易同步。这时除细心调节示波器的同步旋钮外，还可使用与被测信号同频率的另一强信号作为示波器的触发信号，以得到稳定清晰的波形。例如测量较弱的视频信号或色度通道的信号时，可用行同步信号或行逆程脉冲作为触发信号。

若采用 COS5020C 型双踪示波器，若被测的色度信号由"Y1"输入，可将触发信号输入示波器的另一个通道，将"Y 方式"开关置于"交替"，"内触发"开关置于"Y2"，被测色度信号就能稳定地显示，触发信号还能同时被显示出来。

使用示波器检修的注意事项

1. 仅注意波形的有无，不注意定量测量

初学用示波器检修，往往仅注意看被测点是否有波形，而不注意或不会定量地读出波形幅度与周期。实际上，定量测量波形在检修工作中是非常重要的。例如，彩色信号处理电路中的选通脉冲，如果幅度不够，就可能出现无彩色的故障；消隐脉冲幅度不足，就不能起到逆程期间消隐扫描线的作用；用于屏显定位用的行场逆程脉冲信号，如果幅度过小，就起不到应有的作用。有一台采用 PCA84C440 微处理器的彩电，无屏显，自动搜索不停台，也无声音。用示波器测输送行逆程脉冲的电阻 R623（82kΩ）一端（图9-23 中 A 点）有幅度为 1000V 的

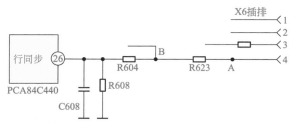

图9-23　R623阻值变大引起自动搜索不停台故障

脉冲波形，另一端 B 点有幅度约 1V 的波形，在路检查此电阻值为 33kΩ，没发现电阻有问题，但因该点的正常波形幅度应为 25V，实测波形过于偏小，故仍焊下此电阻检查，查出此电阻阻值已变大到 500kΩ 左右。这里如果仅满足波形有无，可能就会使维修走弯路。频率的定量检测同样重要。

2. 用衰减探头时的读数未考虑探头的衰减比

COS5020C 型示波器的探头有 1× 和 10× 两个挡位，这是初用示波器的人易忽视的环节，往往在用 10× 挡测量后忘记给测量结果乘 10，结果给分析带来不必要的麻烦。

3. 观察视频信号等信号时未接收彩色信号

彩电图纸中的许多信号，都是在接收机接收彩色信号的状态下测得的。有些人在检测视频信号、色度信号等信号时，发现测得的信号与图上的信号不一样，信号是不断变化的，或者是无信号，最后才知道原来测的是接收到的节目信号的动态波形，或者是什么信号也没有接收。

4. 不知道某设备面板或遥控器操作状态对被测波形的影响

某些设备中的有些波形还和面板或者遥控器的操作状态有关，例如基色的矩阵电路中三个末级视放管的基极和集电极波形的形状，就与面板或遥控器亮度、色度等按键调节的状态有关。

5. 对所用示波器的性能不了解

示波器的带宽等性能指标对示波器的显示波形是有影响的。若用 Y 轴带宽比较小的示波器（如 J2459 型示波器，Y 轴带宽为 1MHz），测量较高频率的波形例如亮度信号波形或色度信号波形时，会发现波形有畸变、波形模糊等现象。如果对示波器的性能不了解，还会以为是被测信号的问题，也会走弯路。

第十章
使用示波器检修实例

第一节　使用示波器检修测量自激励开关电源

自激励开关电源电路原理

图 10-1 所示为开关电源电路检测原理图。它属于并联自激型开关稳压电源，使用光耦直接取样，因此除开关电源电路外底盘不带电，也称为"冷"机芯。

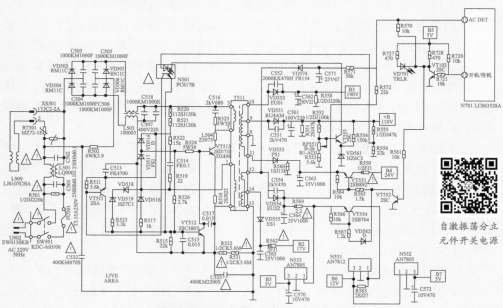

自激振荡分立
元件开关电源

图10-1　开关电源电路的检测原理图

检修电源电路时为了防止输出电压过高损坏后级电路、电源空载而击穿电源开关管，首先要将 +110V 电压输出端与负载电路（行输出电路）断开，在 +110V 输出端接入一个 220V、25 ～ 40W 的灯泡作为假负载。若无灯泡，也可以用 220V、20W 电烙铁代替。

1. 整流、滤波电路

VD503 ～ VD506 四只二极管构成桥式整流电路，从插头 U902 输入的 220V 交流电，经桥式整流电路整流，再经滤波电容 C507 滤波得到 300V 左右的直流电，加至稳压电源输入端。C503 ～ C506 可防止浪涌电流，保护整流管，同时还可以消除高频干扰。R502 是限流电阻，防止滤波电容 C507 开机充电瞬间产生过大的充电电流。

2. 开关稳压电源电路

开关稳压电源中，VT513 为开关兼振荡管，$V_{ceo} \geqslant 1500V$，$P_{cm} \geqslant 50W$。T511 为开关振荡变压器，R520、R521、R522 为启动电阻，C514、R519 为反馈元件。VT512 是脉冲宽度调制管，集电极电流的大小受基极所加的调宽电压控制，在电路中也可以把它看成一个阻值可变的电阻，电阻大时 VT513 输出的脉冲宽度加宽，次级的电压上升；电阻小时 VT513 输出的脉冲宽度变窄，次级电压下降。自励式开关稳压电源由开关（兼振荡管）、脉冲变压器等元件构成间歇式振荡电路，振荡过程分为四个阶段。

（1）脉冲前沿阶段　+300V 电压经开关变压器的初级绕组 3 端和 7 端加至 VT513 的集电极，启动电阻 R520、R521、R522 给 VT513 加入正偏置产生集电极电流 I_c，I_c 流过初级绕组 3 端和 7 端时因互感作用使 1 端和 2 端的绕组产生感应电动势 E_1。因 1 端为正、2 端为负，通过反馈元件 C514、R519 使 VT513 基极电流上升，集电极电流上升，感应电动势 E_1 上升。这样强烈的正反馈，使 VT513 很快饱和导通。VD517 的作用是加大电流启动时的正反馈，使 VT513 更快地进入饱和状态，以缩短 VT513 饱和导通的时间。

（2）脉冲平顶阶段　在 VT513 饱和导通时，+300V 电压全部加在 T511 3、7 端绕组上，电流线性增大，产生磁场能量。1 端和 2 端绕组产生的感应电动势 E_1 通过对 C514 的充电维持 VT513 的饱和导通，称为平顶阶段。随着充电的进行，电容器 C514 逐渐充满，两端电压上升，充电电流减小，VT513 的基极电流 I_b 下降，使 VT513 不能维持饱和导通，由饱和导通状态进入放大状态，集电极电流 I_c 开始下降，此时平顶阶段结束。

（3）脉冲后沿阶段　VT513 集电极电流 I_c 的下降使 3 端和 7 端绕组的电流下降，1 端和 2 端绕组的感应电动势 E_1 极性改变，变为 1 端为负、2 端为正，经 C514、R519 反馈到 VT513 的基极，使集电极电流 I_c 下降，又使 1 端和 2 端的感应电动势

E_1 增大，这样强烈的正反馈使 VT513 很快截止。

（4）间歇截止阶段　在 VT513 截止时，T511 次级绕组的感应电动势使各整流管导通。经滤波电容滤波后产生 +190V、+110V、+24V、+17V 等直流电压供给各负载电路。VT513 截止后，随着 T511 磁场能量的不断释放，使维持截止的 1 端和 2 端绕组的正反馈电动势 E_1 不断减弱，VD516、R517、R515 的消耗及 R520、R521、R522 启动电流给 C514 充电，使 VT513 基极电位不断回升，当 VT513 基极电位上升到导通状态时，间歇截止期结束，下一个振荡周期又开始了。

（5）稳压工作原理　稳压电路由 VT553、N501、VT511、VT512 等元件构成。R552、RP551、R553 为取样电路，R554、VD561 为基准电压电路，VT553 为误差电压比较管。因使用了 N501 的光电耦合器，使开关电源的初级和次级实现了隔离，除开关电源部分带电外，其余底板不带电。

当 +B 110V 电压上升时，经取样电路使 VT553 基极电压上升，但发射极电压不变，这样基极电流上升，集电极电流上升，光电耦合器 N501 中的发光二极管发光变强，N501 中的光敏三有管导通电流增加，VT511、VT512 集是极电流也增大，VT513 在饱和导通时的激励电流被 VT512 分流，缩短了 VT512 的饱和时间，平顶时间缩短，T511 在 VT513 饱和导通时所建立的磁场能量减小，次级感应电压下降，+B 110V 电压又回到标准值，同样基 +B 110V 电压下降，经过与上述相反的稳压过程，+B 110V 又上升到标准值。

3. 脉冲整流滤波电路

开关变压器 T511 次级设有五个绕组，经整流滤波或稳压后可以提供 +B 110V、B2 +17V、B3 +190V、B4 +24V、B5 +5V、B6 +12V、B7 +5V 七组电源。

行输出电路只为显像管各电极提供电源，而其他电路电源都由开关稳压电源提供，这种设计可以减轻行电路负担，降低故障率，也降低了整机的电源功率消耗。

4. 待机控制电路

待机控制电路由 N701（微处理器）、VT703、VT522、VT551、VT554 等元件构成。正常开机时，微处理器 N701 15 脚输出低电平 0，使 VT703 截止，待机指示灯 VD701 停止发光，VT552 饱和导通。VT551、VT554 也饱和导通，电源 B4 提供 24V 电压，电源 B6 提供 12V 电压，电源 B7 提供 5V 电压。电源 B6 控制行振荡电路，使行振荡电路工作，行扫描电路正常工作处于收看状态。同时行激励、N101、场输出电路都得到电源供应正常工作，某设备处于收看状态。

待机时，微处理器 N701 15 脚输出高电平 5V，使 VT703 饱和导通，待机指示灯 VD701 发光，VT522 截止，VT551、VT554 失去偏置而截止，电源 B4 为 0V，B6 为 0V，B7 为 0V，行振荡电路无电源供应而停止工作，行扫描电路也停止工作，同时行激励、N101、场输出电路都停止工作，设备处于待机状态。

5. 保持电路

（1）输入电压过压保护　VD519、R523、VD518 构成输入电压过压保护电路。当电路输入交流 220V 电压大幅提高时，使整流后的 +300V 电压升高，VT513 在导通时 1 端和 2 端绕组产生的感应电动势电压升高，VD519 击穿使 VT512 饱和导通，VT513 基极被 VT512 短路而停振，保护电源和其他元件不受到损坏。

（2）尖峰电压吸收电路　在开关管 VT513 的基极与发射极之间并联电容 C517，开关变压器 VT511 的 3 端和 7 端绕组上并联 C516 和 R525，吸收基极、集电极上的尖峰电压，防止 VT513 击穿损坏。

二、检修

1. 整流滤波输出电压

此电压为整流滤波直流电压，正常电压值为 +300V 左右，检修时可测量滤波电容 C507 正极和负极之间的电压，若无电压或电压低，说明整流滤波电路有故障。

2. 开关电源 +B 110V 输出电压

开关电源正常工作时输出 +B 110V 直流电压，供主电路工作。检修时可测量滤波电容 C561 正、负极之间的电压，若电压为 +110V，说明开关电源工作正常；若电压为 0V，或电压低，或电压高于 +110V，则电源电路有故障。

3. 开关电源 B2 +17V、B3 +190V、B4 +24V、B5 +5V、B6 +12V、B7 +5V

各电源直流输出电压，可以通过测量 B2 ～ B7 各电源直流输出端电压来确定电路是否正常。

4. 关键点波形的测量

电源部分要检查的波形主要有整流滤波以后的波形，电源开关集电极、基极波形和电源激励管各级波形等。间接稳压自励开关电源的开关稳压电源电路比较简单，波形测试点也比较少。C507 正端为整流滤波波形测试点（测试点应采用直流耦合输入方式），扫描速度开关置 10ms/DIV 挡。V513 为开关电源管，V512 为控制管，测试时，扫描速度开关置 5 ～ 10μs/DIV 挡。开关管 V513 集电极波形幅度比较大，应采用 100：1 的衰减探头。图 10-2 给出了这些测试点的电压波形。

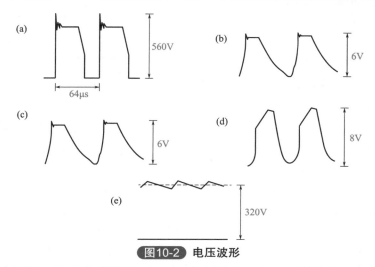

图10-2　电压波形

（a）V513 集电极波形；（b）V513 基极波形；（c）V512 集电极波形；（d）V512 基极波形；（e）C507 正极波形

图 10-3 为开关电源部分的一些故障波形。图 10-3（a）是间接稳压自励开关电源定时电容 C514 回路故障时，在电源开关管 V513 基极测得的故障波形，波形为 0.4V 直流电压，故障表现是"三无"。

图 10-3（b）是北京 8303 彩电开关管 Q801 基极正常波形与脉冲微分电路电容 C813 开路时该点故障波形的比较，波形虽幅度变小，频率变高，故障表现是"三无"。

图 10-3（c）是如意 SGC3702 彩电电源开关管 Q901 集电极正常波形与开关变压器 T901 第 7 脚脱焊时该点故障波形的比较，波形特点是幅度变小，频率变高，故障表现是"三无"。

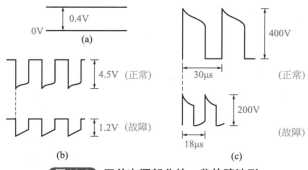

图10-3　开关电源部分的一些故障波形

（a）间接稳压自激开关电源定时电容 C514 开路时 V513 基极波形；（b）北京 8303 彩电开关管 Q801 基极正常波形与一种故障波形比较；（c）如意 SGC3702 彩电电源开关管 Q901 集电极正常波形与一种故障波形比较

第二节　用示波器维修电动车充电器

一、维修开关电源需要测试的波形

电动车充电器开关电源属大电流、高电压电路，也是故障率较高的电路，如无电压输出、输出电压过高等常见故障。对于一些开关电源的疑难故障，如屡损开关管等，示波器则可大显身手。通过测试一些关键点的波形，可快速圈定故障范围，查找到故障点。开关电源部分要检查的波形比较少，主要测试的波形有以下几个：①整流滤波以后的波形（C3 正极的波形）；②电源控制芯片 UC3842 的 4 脚的锯齿波电压波形；③ KA3842（UC3842）的 6 脚输出的驱动脉冲波形；④场效应开关管 VT1 的漏极（D）和源极（S）波形等。如图 10-4、图 10-5 所示。

C104 正端为整流滤波波形测试点（测试时，示波器应采用直流耦合输入方式），扫描速度开关置 10ms/DIV 挡。开关管 Q101 漏极波形比较高，测试时应采用 10∶1 或 100∶1 的测试探头。

二、工作原理

电动车充电器实际就是一个开关电源加上一个检测电路，目前很多电动车的 48V 充电器都是采用 KA3842 和比较器 LM358 来完成充电工作，原理图如图 10-4 所示。220V 交流电经 LF1 双向滤波、VD1 ～ VD4 整流为脉冲直流电压，再经 C3 滤波后形成约 300V 的直流电压。300V 直流电压经过启动电阻 R4 为脉宽调制集成电路 IC1 的 7 脚提供启动电压。IC1 的 7 脚得到启动电压后（7 脚电压高于 14V 时，集成电路开始工作），6 脚输出 PWM 脉冲，驱动电源开关管（场效应管）VT1 工作，电流通过 VT1 的 S 极—D 极—R8—接地端，此时开关变压器 T1 的 9-8 绕组产生感应电压，经 VD6、R2 为 IC1 的 7 脚提供稳定的工作电压。4 脚外接振荡电阻 R10 和振荡电容 C7 决定 IC1 的振荡频率。IC2（TL431）为精密基准压源，与 IC4（光耦合器 4N35）配合用来稳定充电压，调整 RP1（510Ω 半可调电位器）可以细调充电器的电压。LED1 是电源指示灯，接通电流后该指示灯就会发出红色的光。VT1 开始工作后，变压器的次级 6-5 绕组输出的电压经快速恢复二极管 VD60 整流、C18 滤波得到稳定的电压（约 53V）。此电压一路经二极管 VD70（该二极管起防止电池的电流倒给充电器的作用）给电池充电。另一路经限流电阻 R38、

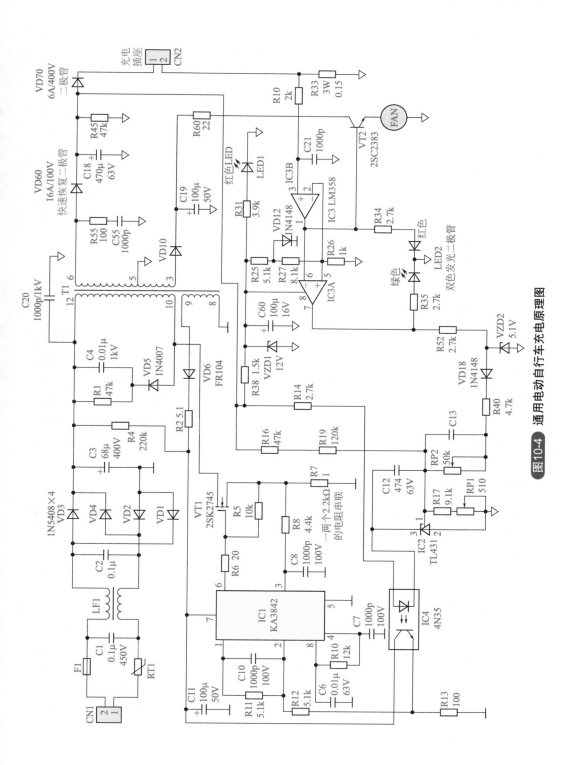

图10-4 通用电动自行车充电原理图

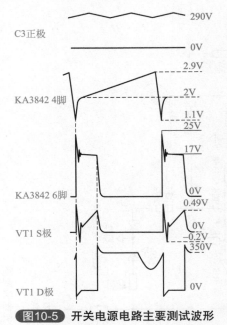

图10-5 开关电源电路主要测试波形

稳压二极管 VZD1、滤波电容 C60，为比较器 IC3（LM358）提供 12V 工作电源。VD12 为 IC3 提供的基准电压经 R25、R26、R27 分压后送到 IC3 的 2 脚和 5 脚。

正常充电时，R33 上端有 0.19 ～ 0.2V 的电压，此电压经 R10 加到 IC3 的 3 脚，从 1 脚输出高电平。1 脚输出的高电平分三路输出：第一路驱动 VT2 导通，散热风扇得电开始工作；第二路经过电阻 R34 点亮双色发光二极管 LED2 中的红色发光二极管；第三路输入到 IC3 的 6 脚，此时 7 脚输出低电平，双色发光二极管 LED2 中的绿色发光二极管熄灭，充电器进入恒流充电阶段。当电池电压升到 44.2V 左右时，充电器进入恒压充电阶段，电流逐渐减小，当充电电流减小到 300 ～ 500mA 时，R33 上端电压下降，IC3 的 3 脚电压低于 2 脚，

1 脚输出低电平，双色发光二极管 LED2 中的红色发光二极管熄灭，三极管 VT2 截止，风扇停止运转，同时 IC3 的 7 脚输出高电平。此高电平一路经过电阻 R35 点亮双色发光二极管 LED2 中的绿色发光二极管（指示电已经充满，此时并没有真正充满，实际上还得一两个小时才能真正充满），另一路经 R52、VD18、R40、RP2 到达 IC2 的 1 脚，使输出电压降低，充电器进入 300 ～ 500mA 的涓流充电阶段（浮充），改变 RP2 的电阻值可以调整充电器由恒流充电状态转到涓流充电状态的转折流（200 ～ 300mA）。

常见故障检修

1. 高压电路故障

该部分电路出现问题的主要现象是指示灯不亮，通常还伴有保险丝烧断，此时应检查整流二极管 VD1 ～ VD4 是否击穿，电容 C3 是否炸裂或者鼓包，VT2 是否击穿，R7、R4 是否开路，此时更换损坏的元件即可排除故障。若经常烧 VT1 且 VT1 不烫手，则应重点检查 R1、C4、VD5 等元器件；若 VT1 烫手，则重点检查开关变压器次级电路中的元器件有无短路或者漏电，若红色指示灯闪烁，则故障多数是由 R2 或者 VD6 开路、变压器 T1 线圈虚焊引起的。

2. 低压电路故障

低压电路中最常见的故障就是电流检测电阻 R33 烧断，此时的故障现象是红灯一直亮，绿灯不亮，输出电压低，电瓶始终充不进电。另外，若 RP2 接触不良或者因振动导致阻值变化（充电器注明不可随车携带就是怕 RP2 因振动引起阻值变化），会导致输出电压变化。若输出电压偏高，电瓶会过充，严重时会失水，最终导致充爆；若输出电压偏低，会导致电瓶欠充，缩短其寿命。

第三节　用示波器检修电脑 ATX 开关电源

一、基本原理

本节以 TL494 与 MJC30205 组合电脑 ATX 开关电源为例，介绍其工作原理和多种故障的维修思路以及维修技巧。电路如图 10-6 所示。

（1）待机原理　待机电源又称辅助电源，自激振荡部分由 Q03、T3、C14、D04、2R21、2R22、2R4 等元件组成；稳压部分由 IC5（电压基准源）、IC1（光耦）、Q4（PWM）等元件组成；保护和尖峰吸收部分由 Q4、2R23、2R10、C02 及 2R5、C05A、D06 等元件组成。可见待测电源的构成一部分与彩电开关电源（带光耦的）基本一致，详细工作过程也大致相同。

T3 次级，一路由 D01A 和 C09 整流滤波输出 +22V，为驱动电路 T2 初级和IC2（TL494CN）12 脚提供工作电压，另一路由 D01、C03、L4、C05 整流滤波输出 +5VSB（stand by），由一根紫色导线经 ATX 插头送到主板上"电源监控部件"电路，为该电路提供待机电压。待机电源虽然结构简单，但在待机系统中却占据着重要地位：一方面它给主控 PWM 电路和提供多种信号处理的"死区"比较器供电，保障 ATX 开关电源自行运转；另一方面，它又是永不熄灭的"火种"，向主机提供待机电压。

（2）主开关电源

① 主控 PWM 型集成电路 TL494CN：TL494CN 内部由振荡器、"死区"比较器、PWM 比较器、两个误差放大器 1 和 2、触发器、逻辑门、三极管 Q1/Q2、基准电压调节器以及由两个滞回比较器（旋密特触发器）组成的欠压时锁电路等部分组成。其中 5 脚、6 脚外接定时电容和定时电阻，此部分正常波形为锯齿波，如

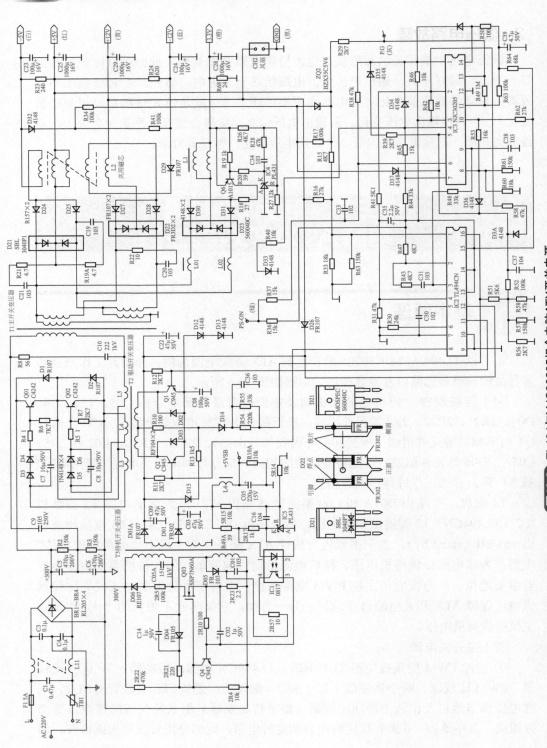

图10-6 TL494与MJC30205组合电脑ATX开关电源

图 10-7 所示；由触发器和逻辑门构成的逻辑电路由 1、2、3 脚控制工作，在电脑 ATX 开关电源中 13 脚接 5V 基准电压，使内部三极管 Q1、Q2 工作在挽输出方式；基准电压调节器将待机电源经 12 脚提供的 22V 工作电压转换为 5V 基准电压，由 14 脚输出。

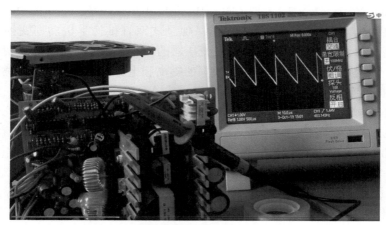

图10-7 锯齿波波形

② 脉宽调制及驱动电路：得到主机启动指令后，IC2 立刻由待机状态转入工作状态。8 脚、11 脚输出相位差为 180° 的 PWM 信号，如图 10-8 所示，使 T2 次级 L3、L4 绕组的耦合驱动 Q01、Q02 的 b 极，当 "有效低电平脉冲" 出现可靠截止。由 R10、D14、R54、R55、C36 及 R51、R56 ～ R58 等组成 "电流取样" 支路，将 Q1、Q2 工作电流从 T2 初级绕组抽头引出，经以上支路限流、整流、滤波、分压、完成 "电流误差" 信号的取样，送到 IC2 16 脚，即误差放大器 2 的同相输入端。

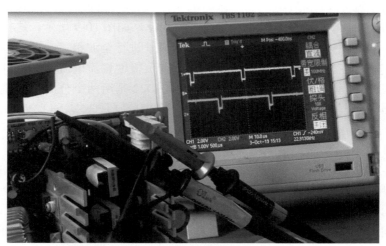

图10-8 8脚、11脚输出相位差为180° 的PWM信号

IC2 1 脚外围 4 个电阻组成 "电压取样" 支路，分别经 R15、R16 对 +5V、

+12V 输出电压进行取样、叠加，再与 R33、R63（并联）分压，完成"电压误差"信号的取样，送到 IC2 1 脚，即误差放大器 1 的同相端。

以上两个误差信号，经 IC2 内部误差放大器 1 和 2 放大、叠加，再经 PWM 比较器进行脉宽调制，改变 Q1、Q2 和 Q01、Q02 导通截止时间比，从而达到自动稳压目的。另外，IC2 2、3 脚之间 C31、R43 组成误差放大器 1 的校正电路。

③ 他励式双管推挽半功率变换器：他励式双管推挽半桥功率变换器，简称"半桥变换"。"半桥"是因对功率开关变压器的推动只用了 1 组双管推挽电路而得名。采用"半桥变换"，有利于转换效率的提高和电源功率的增大，有利于增加稳压宽度和提高负载能力，并且可缩小体积、减轻重量。

当 Q01 导通、Q02 截止时，+300V 电压和 C5 放电电流经 Q01 的 c、e 极—T2 绕组 L5—T1 初级绕组—C9—C6，构成对 C6 的充电回路，将电能存储在 C6 中；当 Q01 截止，Q02 导通，存储在 C6 上的电能及 +300V 对 C5 的充电电流，由 C6—C9—T1 初级绕组—T2 绕组 L5—Q02 的 c、e 极 —"热"地，构成对 C6 的放电回路。从以上这个振荡周期中可以看出，无论 Q01 或 Q02 导通，流经 T1 初级绕组的工作电流大小相等，方向相反。电路中其他元件功能：

- D1、D2 功能同 D01、D02。
- C7、C8 加速电容，利用充、放电加速开关管导通或截止。
- D3、D4、R4、R6 和 D5、D6、R5、R7 为充 / 放电回路，并为开关管 b 极建立负偏压。
- C10、R8 吸收开关管电流换向时所产生的谐振尖峰脉冲。
- C9 隔直，隔断流经 T1 初级绕组电流中的直流成分，防止 T1 产生偏磁。

（3）±5V、±12V、3.3V 整流滤波输出电路

① 由于流经 T1 初级绕组的工作电流大小相等，方向相反，因此在次级绕组两端所感应的脉冲电压也是大小相等、方向相反，如图 10-9 所示，这样就可以方便地利用"共阴极"二极管或"共阳极"二极管进行全波整流，用"共阴极"整流得正极性的直流电压，用"共阳极"整流得负极性直流电压。D21 和 D23 外形像大功率三极管，内部是共阴极肖特基二极，D22 是用两个分离的快速恢复二极管将阴极焊在一个铁片上构成的"共阴极"，它们分别是 +5V、+12V、+3.3V 的全波整流管。另用 D24、D25 和 D27、D28 在电路中按"共阳极"接法，分别用于 −5V 和 −12V 全波整流，也采用快速恢复二极管。

② 各路输出采用 *LC* 滤波。在这里要注意 L2 的接法，L2 有 5 个线圈（其中 2、3 并联）用于 ±5V、±12V 滤波，为了利用这种正负关系，使 L2 发挥"共模"扼流的效应，线圈采用共用磁芯，并将两路负电压进行反接。

③ 因 IC2 内部 PWM 未对 3.3V 取样。由 IC4、Q6、D30、D31 等组成的"反向电流反馈"自动稳压电路，IC4 及其外围元件对 3.3V 电压取样，经 Q5 放大并转换成电流误差输出。假设输出电压上升，将引起 IC4 的 K 极电平下降，使 Q6

电流上升，经 D30、D31 分别向 L01、L02 注入电流，则可使整流输出电压上升，从而达到自动稳压目的。

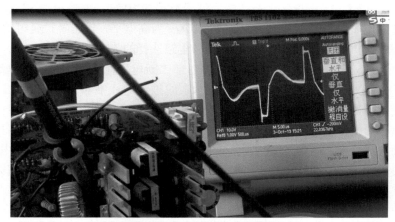

图10-9　开关变压器输出波形

（4）过压、欠压和过自动保护控制电路　本电路主要由 IC3 5 脚内部"保护"比较器和 IC2 4 脚内部"死区"比较器组成。正常情况下，IC3 同相输入端 5 脚电平低于反相输入端 4 脚，输出端脚输出低电平，不影响电源工作。一旦 5 脚电平高于 4 脚，则跳变为高电平加到 IC2 4 脚，通过内部"死区"比较器，中止 ATX 开关电源工作。当 +5V 过压时，经 ZQ2 和 R17 取样会使 5 脚电平升高；当 −5V、−12V 欠压时，经 D32、R41、R34 取样会使 5 脚电平升高；当负载电流加重（如输出端严重短路）时，也会使 5 脚电平升高。以上三路取样信号，只要有一路超限，就会引起自动保护控制发生跳变，使 ATX 开关电源进入"死区"保护。

（5）PS-ON 信号处理电路　本电路由 IC3 内部"启/闭"比较器担任。PS-ON 信号是通过一根绿色细导线经 ATX 插头、插座，与主板启/闭控制电路进行通信，当启/闭控制电路的电子开关处于断开状态时，IC2 14 脚 5V 基准电压经 R36，作为高电平通过绿色导线加到主板启/闭控制电路上，同时 5V 基准电压又经 R37 加到 IC3"启/闭"比较器反相输入端 6 脚，输出端 1 脚输出低电平，经 D34 将"保护"比较器同相输入端电平拉低，使其输出端 2 脚输出高电平加到 IC2 4 脚，通过内部"死区"比较器使 8 脚、11 脚无 PWM 信号输出，对主开关电源进行封锁。当主板启/闭控制电路的电子开关接地时，PS-ON 信号变为低电平，经 R37 加到"启/闭"比较器反相输入端 6 脚，1 脚输出高电平，D34 截止，使 4 脚恢复正常时的高电平，2 脚则输出低电平加到 IC2 4 脚，解除"死区"封锁，使 ATX 开关电源得以启动。

（6）P.G 信号处理电路　P.G 信号处理由 IC3 11 脚内部 P.G 比较器担任。P.G（或 PW-OK）信号是 ATX 开关电源向主机系统报告可以正常工作的信号，P.G 即为 Power Good 的缩写。只有微机系统检测到是正常的 P.G 信号，才能启动 ATX 开关电源。如果检测不到 P.G 信号或 P.G 信号延时不符合要求，系统则禁止 ATX 开关电源的启动。IC2 14 脚输出 5V 基准电压经 R62 与 R53、R60、R61 一同加到 IC3 10 脚，同时又经 R64 对 C39 充电（时间常数 320ms），再经 R63 将充电电压加到 11 脚。因同相输入端 11 脚电压上升较慢而低于反相端 10 脚，使输出端 13 脚输出低电平。当 11 脚电平上升并高于 10 脚时，13 脚就变为高电平，输出经过延时的 5V"P.G" 信号，延时要求 100 ～ 500ms，实际延时与电路选择的 RC 时间常数有关。

（7）断开应急处理电路　由 IC3 9 脚内部"断电"比较器担任。电脑运行过程中难免发生意外断电，如跳闸、电业拉闸、线被刮断、被雷击等。为此，ATX 开关电源设置了断电应急处理电路。意外断电，会使 IC2 内电流、电压误差取样放大器 1 和 2 输出突然下降，IC2 3 脚电平突然变低，经 R48 加到 IC3"断电"比较器同相输入端 9 脚，使输出端 14 脚输出低电平，经 R50、R63 将 11 脚电平拉低，13 脚跳变为低电平，以"P.G 信号突然消失"的方式，将断电"指令"传送主机，让主机停止正常运行，做好关机处理。

二、常见故障检修

① ATX 开关电源电路板特点是元件高度密集，而且"立体"分布，最低的元件只有 2mm 高，而最高的可达 5mm 高，中间可把各种元件按高低分成 4 ～ 5 层，尤其是两个大散热片的遮挡，使许多元件根本看不到，不要说进行检查和测试。有些大元件虽能看到，但表笔却无法插到它的引脚上。若从背面直接测试焊点，又因为大部分元件连正面位置都无法确定，背面焊点更无从找寻。因此，维修时最好是先将两个大散热片拆除，这样电路上各种元件会明显一些，维修起来也更方便和安全。

② 待机电源的损坏往往都很严重，而且维修时经常出现反复，但 ATX 开关电源印刷电路一般都很窄，焊盘也很小，经不起多次焊接，容易脱落，从而导致故障越修越糟。解决方法：从有可能需要多次代换元件的焊点上引出一根短线，先将元件焊在短线上进行试验，以减少对焊点的焊接次数。

③ ATX 开关电源保险管的熔断电流一般为 4A、5A 或 6A，在额定输出功率条件下有一定的保护作用，但在维修时，因输出功率小，保险管就起不了保护作用了，如果盲目通电，因电路仍存在隐患，就会出现旧故障尚未排除又添新故障。为防患未然，首次通电应串联 1A 保险管，如果 1A 保险管烧断，说明待机电源存在短路，应先修待机电源。如果 1A 保险管未烧断，将 1A 保险管换成 2A 保险管后继续通电，如果 2A 保险管烧断，说明主开关电源存在短路，即将主开关电源修好。如果 2A 保险管未烧断，说明整机虽有故障，但不属于短路性故障，排查顺序仍按先待机电源后主开关电源，而且仍用 2A 保险管做维修过程的意外保护。

④ 空载能使 +12V 有 0.6V 上升，而对采用"反向电流反馈"自动稳压的 3.3V 电压，不但不上升反而下降到 1.86V。这种情况容易产生误判，盲目维修，可能会

修出新问题。为避免空载使输出电压发生变化，最好用光驱做负载。接上光驱后各路电压趋向正常，不但有光，红色工作指示灯可做电源输出显示，而且还可利用耳机发出的乐曲进行监听。因为光驱功率适中（5V/1A、12V/1.5A），即满足维修需要，又不会使开关管、整流管发热，可以放心将它们的大散热片拆除，且又正好适合用 2A 保险管做意外保护。

第四节　示波器检修工业大功率全桥输出式开关电源

一、全桥输出式开关电源工作原理

单相全桥逆变电路如图 10-10 所示，VT1、VT4 组成一对桥臂，VT2、VT3 组成另一对桥臂，VD1 ～ VD4 为续流二极管，VT1、VT2 基极加有一对相反的控制脉冲，VT3、VT4 基极的控制脉冲相位也相反，VT3 基极的控制脉冲相位落后 VT1 θ 角，$0° < \theta < 180°$。

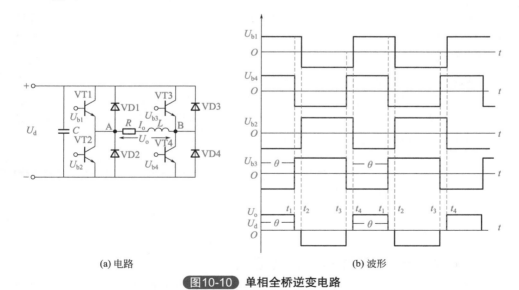

(a) 电路　　　　　　　　　　　　　　　　(b) 波形

图10-10　单相全桥逆变电路

电路工作过程说明如下。

在 $0 \sim t_1$ 期间，VT1、VT4 的基极控制脉冲都为高电平，VT1、VT4 都导通，A 点通过 VT1 与 U_d 正端连接，B 点通过 VT4 与 U_d 负端连接，故 R、L 两端的

电压 U_o 大小与 U_d 相等，极性为左正右负（为正压），流过 R、L 电流的途径是：$U_d+ \rightarrow VT1 \rightarrow R$、$L \rightarrow VT4 \rightarrow U_d-$。

在 $t_1 \sim t_2$ 期间，VT1 的 U_{b1} 为高电平，VT4 的 U_{b4} 为低电平，VT1 导通，VT4 关断，流过 L 的电流突然变小，L 马上产生左负右正的电动势，该电动势通过 VD3 形成电流回路，电流途径是：L（右正）$\rightarrow VD3 \rightarrow VT1 \rightarrow R \rightarrow L$（左负）。由于 VT1、VD3 都导通，使 A 点和 B 点都与 U_d 正端连接，即 $U_A=U_B$，R、L 两端的电压 U_o 为 0（$U_o=U_A-U_B$）。在此期间，VT3 的 U_{b3} 也为高电平，但因 VD3 的导通使 VT3 的 c、e 极电压相等，VT3 无法导通。

在 $t_2 \sim t_3$ 期间，VT2、VT3 的基极控制脉冲都为高电平，在此期间开始的一段时间内，L 能量还未完全释放，还有左负右正电动势，但 VT1 因基极变为低电平而截止，L 的电动势转而经 VD3、VD2 对直流侧电容 C 充电，充电电流途径是：L（右正）$\rightarrow VD3 \rightarrow C \rightarrow VD2 \rightarrow R \rightarrow L$（左负），VD3、VD2 的导通使 VT2、VT3 不能导通，A 点通过 VD2 与 U_d 负端连接，B 点通过 VD3 与 U_d 正端连接，故 R、L 两端的电压 U_o 大小与 U_d 相等，极性为左负右正（为负压）。当 L 上的电动势下降到与 U_d 相等时，无法继续对 C 充电，VD3、VD2 截止，VT2、VT3 马上导通，有电流流过 R、L，电流的途径是：$U_d+ \rightarrow VT3 \rightarrow L$、$R \rightarrow VT2 \rightarrow U_d-$。

在 $t_3 \sim t_4$ 期间，VT2 的 U_{b2} 为高电平，VT3 的 U_{b3} 为低电平，VT2 导通，VT3 关断，流过 L 的电流突然变小，L 马上产生左正右负的电动势，该电动势通过 VD4 形成电流回路，电流途径是：L（左正）$\rightarrow R \rightarrow VT2 \rightarrow VD4 \rightarrow L$（右负）。由于 VT2、VD4 都导通，使 A 点和 B 点都与 U_d 负端连接，即 $U_A=U_B$，R、L 两端的电压 U_o 为 0（$U_o=U_A-U_B$）。在此期间，VT4 的 U_{b4} 也为高电平，但因 VD4 的导通使 VT3 的 c、e 极电压相等，VT4 无法导通。

t_4 时刻以后，电路重复上述工作过程。

逆变电路的 U_{b1}、U_{b3} 脉冲和 U_{b2}、U_{b4} 脉冲之间的相位差为 θ，改变 θ 值，就能调节负载 R、L 两端电压 U_o 脉冲宽度（正、负宽度同时变化）。另外，全桥逆变电路负载两端的电压幅度是半桥逆变电路的两倍。

二、常见故障检修

1. 工控设备开关电源常用集成电路

工控电路的开关电源一般情况下用 TL494 或者是 UC3875/3879 系列的集成电路控制芯片。关于 TL494 这个工控电源电路的维修，在前一节已经进行了详细讲解，同时给了很多个故障实例，本节主要以由 UC3875 构成的大功率工控电源电路为例进行讲解，电路如图 10-11 所示。

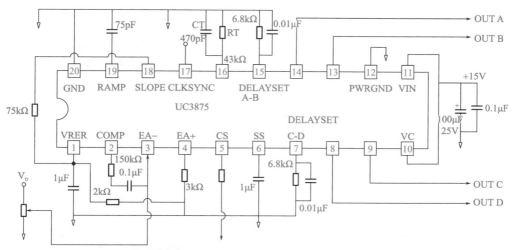

图10-11 UC3875构成的全桥开关电源前级电路

2. 主电路故障检修

（1）无输出电压的故障　当没有输出的时候，可先区分是 UC3875 及周围元件的故障还是功率输出级的故障。主要检测 UC3875 的 13、14、8、9 这 4 个输出脚的波形是否正确。其正确的波形参见图 10-12 所示。如果用示波器检测输出时没有这个波形输出，则说明故障在 UC3875 及其外围电路。

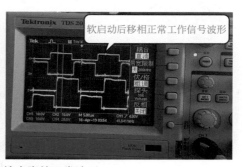

图10-12 UC3875输出脚的正常波形

当确认故障在 UC3875 时，首先应检测 UC3875 的供电脚也就是 10、11 脚电压值是否正常，如果供电不正常，则应检测电源供电电路。如供电电压正常，则要检测 1 脚输出的 5V 电压是否正常。当 1 脚输出电压不正常时，检查 6 脚启动电压是否正常，如果不正常，查外围电路元件是否损坏。当 1 脚电压正常，再检测 2、3、4 运放脚的电压值是否正常。如果不正常，查 15、16、18、19 脚电压，并测量 19 脚波形，应为锯齿波，如图 10-13 所示。

在调整过程中，如果以上引脚电压和波形正常，则 13、14、8、9 这 4 个输出脚应有输出波形，若是有波形输出但是不能移相到设定值，则应对 2、3、4、6、

18、19 脚外围元件结合调整，直到有移相为止。

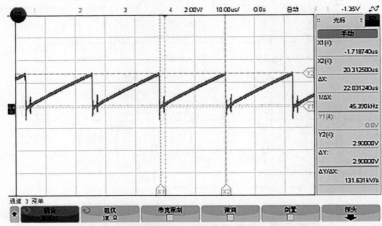

图10-13 19脚锯齿波波形图

（2）变压器有"吱吱"叫声 用示波器测试 13、14、8、9 脚波形，在波形上有毛刺，如图 10-14 所示。随着毛刺的变化，"吱吱"声跟着变化，说明电路中存在杂波干扰。造成杂波干扰现象的主要是由电容滤波不良引起的，主要检查 6、17、19 脚和其他有电容引脚的电容，用代换法实验，并增大减小电容实验，直到毛刺减小或消除为止。

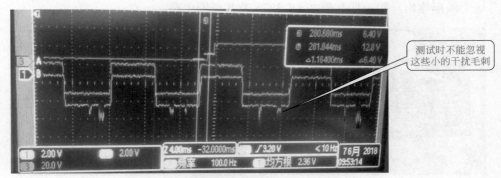

测试时不能忽视这些小的干扰毛刺

图10-14 带有毛刺的波形图

3. 激励及功率输出电路检修

一般大功率开关电源均使用全桥式功率输出级，在检修中，可直接应用电阻在路测量法在路测量功率管，如发现有击穿短路元件应及时更换，换用元器件时应尽可能使用原型号代用。测量过程如图 10-15 所示，两次测量阻值应相差较大为好。

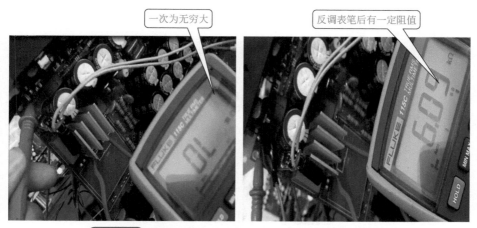

图10-15 通过测量大功率管正反向导通值判断是否损坏

 注意：

由于这类工控电源功率大，对元件质量要求也较高，因此在代换原件时，不但要考虑用原型号代用，还要考虑是哪个公司的产品。因为不同生产公司的产品型号相同参数有所不同，代换后可能不能正常工作，给维修带来不必要的麻烦，多走弯路。

4. 保护电路检修

保护电路有很多种，其取样方式也很多，电路结构根据设计者的思路不同结构也是不同的，图 10-16 所示为一种利用单稳态电路进行保护的电路。由图可知，电路输入端经取样，一旦有过压或过流信号电压送入（此电路取交流信号，因此要整流电路整流，如取直流则无需整流电路，直接送运放即可），则由整流电路整流输出直流电压后送运放，经比较放大后控制由 NE555 构成的单稳态电路，使其输出电压控制保护电路脚（UC3875 可以送入 6 脚进行控制）进行保护。此种电路的优点是一旦有过流过压现象，电路进入保护后，则不能自动恢复，需要排除故障再通电才能解除保护，避免损害更多元件。

保护电路在检修时，应首先区分是取样电路故障还是后级电路故障。可采用断路法先摘除保护电路，如电路可以工作说明故障在保护电路。然后可以用在路测量法测量元件，当发现损坏原件后应进行更换，如果没发现损坏元件，则可以在输入端输入相应的信号（如用直流电压源输入所需的直流电压）由前到后按照信号通路逐步测量电压，到哪级信号无变化则故障就在此级。

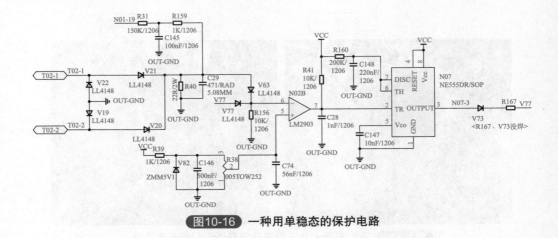

图10-16 一种用单稳态的保护电路

第五节　开关电源中功率因数不补偿电路（PFC）的故障检修

 ## PFC 电路

图 10-17 为 NCP1654 构成的 PFC 电路。PFC 由于工作在高电压、大电流状态，检修时应首先注意安全。在检修时，为了防止烧 PFC 控制关，应先断开功率开关管，然后用可调电源在图 10-17 中给 A、B 点加合适的工作电压（7V 左右），然后测量输出脚波形是否正常。

NCP1654 引脚功能如下：

• 1 脚为接地。

• 2 脚为工作模式设置，正常外接 47kΩ 电阻并 1nF 电容，设置为 VM。

• 3 脚为 CS 引脚。

• 4 脚为 BD 脚。此引脚有两个作用：作为欠电压保护，更好地保护相关功率器件的应力；此引脚信号参与 OLP 和 3 脚的描述。

• 5 脚为 OTA 带宽补偿，分别设置补偿器件 C5=220nF、R12=12kΩ、C12=2.2μF，计算所得带宽小于 20Hz。

• 6 脚为 FB 信号引脚。此引脚有多个功能：参与 PWM 调制信号，105%V_{re} 时，为 OVP 动作信号；8%V_{re} 时，为 OUVP 动作信号；95%V_{re} 时，快速响应信号内部立即打开 200μA 电流源，以快速度改善 V_{out} 的下降，此引脚没有考虑外围电阻分压。

- 7 脚为 VCC 输入。
- 8 脚为 MOSFET 驱动。

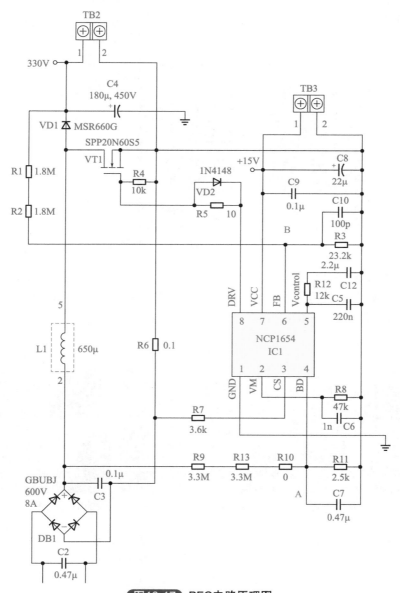

图10-17 PFC电路原理图

二、调试检修

PFC 输出的正常波形如图 10-18 所示。当有正常输出波形后，接好功率输出管，用调压器从低电压向高电压调整，观察 PFC 输出电压情况。正常时，调压器电压上升到 40V 左右，PFC 就开始输出，50～70V 达到标准值。

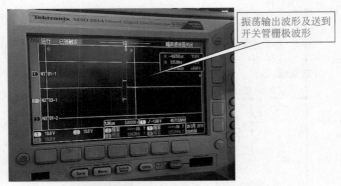

图10-18 PFC输出的正常波形图

然后继续调整调压器，直到正常 220V 供电，输出电压应稳定在设定电压值（380～420V 中的某值）。若不能按照此规律变化并稳压，应调整稳压反馈回路 R1、R2 等元件。如图 10-19 所示。

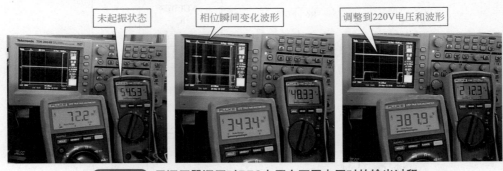

图10-19 用调压器调压时PFC电压在不同电压时的输出过程

当用调压器调整好后，可以直接加 220V 电压启动，正常启动波形变化过程如图 10-20 所示。如不能启动或总是烧开关管，应查一下软启动电路。一般 PFC 都设有软启动电路，因此在调试时应反复调整 C5、C12、R12 的参数，直到使启动波形为阶梯式波形后才可以接通 PFC 开关管，这样可以避免烧毁开关管。

在调试时应将 R2 换成可调电阻，每当改变 C5、C12、R12 任意参数后，调整可变电阻，观察分段上升电压总时间，一般 PFC 软启动从加电开始到满压（满压为 385 ~ 420V 之间，为了能找到合适的元器件，一般电压在 390V，这样开关管耐压和滤波电容耐压均好找到，成本较低），时间在 3 ~ 5s 之间较好，低于 3s 容易被浪涌烧掉开关管。直到输出图 10-20 所示波形即为正常工作状态。

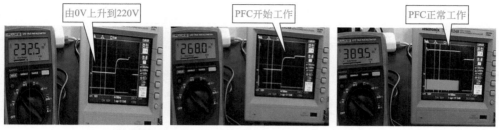

图10-20 正常软启动开关管PFC输出电压阶梯式波形

注意： 在测试高压时，为防止示波器地线接地造成故障或电击危险，最好使用隔离探头，如图 10-21 所示。

图10-21 用隔离探头测试高压PFC

第六节 使用示波器检修音响电路

一、 收音机电路框图及各部分要测量波形图

音响设备处理的都是音频信号，本节以收音机电路讲解音响设备的波形测量，从而使读者学会射频、高频、中频、音频信号的测试及波形识读。收音机电路框图及各电路波形如图 10-22 所示，电路原理如图 10-23 所示。

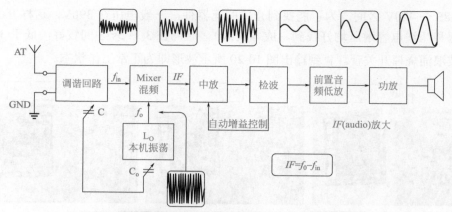

图10-22 收音机电路框图及各电路波形

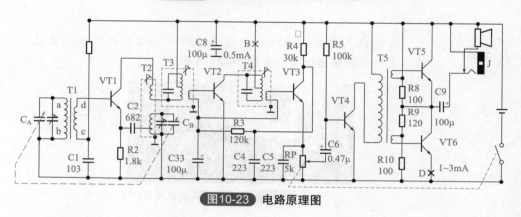

图10-23 电路原理图

二、电路原理与相关电路故障检修

1. 基本原理

（1）调谐回路　调谐回路由天线线圈"ab"和可变电容 C_A 组成。通过调节可变电容 C_A，选择不同频率的电台信号。当回路的固有频率等于某电台频率时，回路产生谐振，由线圈"cd"将该信号耦合到下一级变频回路。

（2）变频回路　线圈"cd"将电台信号耦合到三极管 VT1 的基极。本机振荡信号通过 C2 耦合到 VT1 的发射极。两种频率的信号在 VT1 中混频，混频后由 VT1 集电极输出各种频率的信号。其包含本机荡频率和电台频率的差频，即 465kHz 的中频信号。

（3）差频项的产生　利用双联电容同步调节 C_A 和 C_B，使本机振荡频率和电台信号频率的差频始终保持 465kHz。

（4）**选频电路** 由中周（中频变压器）T3 内部的初级线圈和谐振电容组成并联谐振电路，其固有谐振频率为 465kHz。因此，VT1 集电极输出信号（包含各种频率）中的 465kHz 中频信号将使谐振电路发生谐振，初级线圈上产生最大的电压（频率为 465kHz），并且通过次级线圈耦合到下一级，即只有 465kHz 的中频信号能够有效地耦合进入下一级电路，实现了选频。

（5）**中放回路** 三极管 VT2 是中放回路的核心。选频电路输出的中频信号输入 VT2 的基极，并得到放大。中放回路的负载是中周 T4，其固有谐振频率也是 465kHz，可以使中频信号顺利通过。

（6）**检波和自动增益控制电路** 中频信号由 T4 的次级线圈耦合进入 VT3 的基极，VT3 的 be 结实现检波，C4、C5 滤除中频成分，电位器 RP 上得到低频率的音频信号，并通过 C6 耦合进入下一级。

信号电压 $\uparrow$ — $V_{b3}\uparrow$ — $I_{b3}\uparrow$ — $I_{c3}\uparrow$ — $V_{c3}\downarrow$（通过 R3）— $V_{b2}\downarrow$ — $I_{b2}\downarrow$ — $I_{c2}\downarrow$ —信号电压 $\downarrow$

（7）**前置放大电路** 调节 RP 改变滑动抽头的位置，可以控制音量的大小，然后送到前置放大管 VT4 进行放大。经过放大可将信号电压放大几十到几百倍。低频信号经过前置放大后已经达到了一至几伏的电压，但是它的带负载能力还很差，不能直接推动扬声器，还需要进行功率放大。

（8）**功率放大** 用变压器 T5 将音频信号耦合进入由 VT5、VT6 组成的推挽式功率放大电路，实现音频信号的功率放大，然后通过 C9 耦合进入扬声器和耳机。

2. 电路检修

在检修时可以用波形测量法从前级电路逐级向后测量，发现哪个级没有波形时，则利用万用表测量直流工作电压及各元件是否损坏，有元件损坏时可直接用好元件代换，直到测试有波形为止。

第七节 使用示波器检修电磁炉电路

1. 主振荡回路

如图 10-24 所示，它由 IGBT1、C4、OUT1 和 OUT2 及所接的线盘构成。

其作用是在线圈中形成变化的振荡电流。当 IGBT1 的 G 极有驱动电压时，IGBT1 饱和导通，由 300V—线盘—D 级—S 级形成通路，使线盘储存电能；当 IGBT1 的 G 极无驱动电压时，IGBT1 完全截止，线盘上电能由 OUT2—C4 右—C4 左—OUT1—线盘—OUT2 向 C4 充电；当 C4 上的电压充到最高时，此时 C4 上的电压通过 C4 右—OUT2—线盘—OUT1—C4 左通路放电；当 C4 上的电压放电到最低时，G 极通过控制电路后的又一个驱动电压会到来，再次使 IGBT1 导通。如此周而复始，线盘上就形成了方向变化的振荡电流。

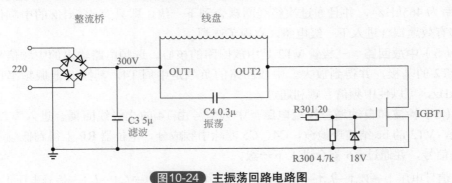

图 10-24 主振荡回路电路图

2. IGBT 驱动电路

如图 10-25 所示，它由 Q300、Q301、R300 ~ R303、D300 构成。

当 B 点有正方波脉冲到来时，Q301 导通，Q300 截止，18V 经 Q301 C 极—Q301 E 极—R302—D 点—R301—G 点—IGBT 管的 G 极—IGBT 管的 S 极到地，通过这条通路给 IGBT 管 G 极注入一个约 17V 的正向驱动电压，使 IGBT1 饱和导通；当 B 点有负方波脉冲到来时，Q301 截止，Q300 导通，D 点失去电压，IGBT 管 G 极注入的电压消失，使 IGBT1 管迅速截止。

注：这里 R303 的作用是给 B 点提供一个偏置电压，使 Q300、Q301 能够迅速导通或截止。R301、R302 是限流电阻，根据功率的不同这两个电阻尤其是 R301 选用阻值有所不同。R300 是为防止输入的驱动电压过高而设的，有的在它两端还并联一只 15 ~ 18V 的稳压二极管，其作用与此相同。值得一提的是，IGBT 管导通期间，注入 G 级的电压不得低于 15V，否则 IGBT 管会因驱动不足致过热损耗而击穿。所测试信号为如图 10-25 所示方波脉冲。

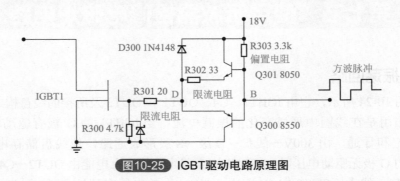

图 10-25 IGBT 驱动电路原理图

3. 驱动方波脉冲形成电路

如图 10-26 所示，它由 U2D 的 10、11、13 脚构成，其作用是形成用于驱动对管的方波脉冲。它是将从 10 脚送来的已削锯齿波脉冲与从 11 脚送来的 PWM 信号进行比较整形后，从 13 脚输出得到近似于方波的脉冲信号，供驱动对管使用。其 11 脚信号是从 CPU 的 PWM 输出端子经 R414、R410 得到。当检测无波形时应查输入电路。

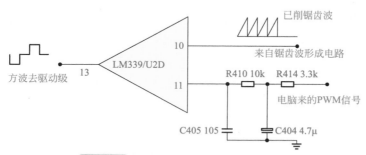

图10-26 驱动方波脉冲形成电路原理图

4. 锯齿波形成电路

如图 10-27 所示，它由 R418、R412、C403、D400 构成，不同的机型此电路有所不同。它的工作频率受 CPU 送来的试探脉冲进行跟踪，还受 U2C 的 14 脚输出的同步检锅脉冲控制和进行波形修正，经 CPU 检测认为正确后才从 CPU 输出相应的 PWM 脉冲。这里的 D400 还起到对形成的锯齿波进行限幅，削去脉冲尖顶的作用，使之形成的波形为近似方波。当没有锯齿波产生时，应检查图中锯齿波形成元件及供电是否正常，如不正常则更换图中元件即可。

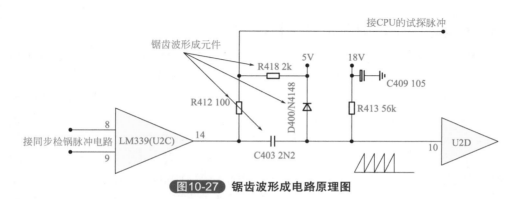

图10-27 锯齿波形成电路原理图

5. 同步检锅脉冲形成电路

如图 10-28 所示,其作用是输出同步检锅信号。

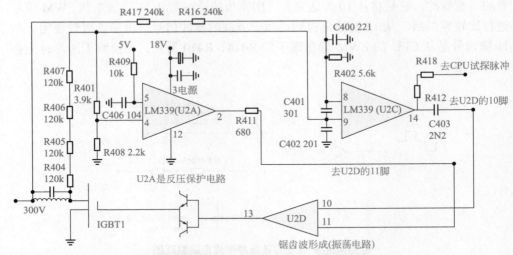

图10-28 同步检锅脉冲形成电路原理图

正常情况下,9 脚直流电压比 8 脚电压高,14 脚就输出高电平,由于 9 脚工作时在直流电压上加有一个变化的电压(来自 IGBT 管上变化的电流),14 脚输出的高电平就同时叠加一个变化的电压,此高电平电压对后面的锯齿波形成的振荡电路进行波形修正,输出开关方波脉冲,最终去控制 IGBT 管的工作开关同步。

注:此电路除对 IGBT 管进行开关同步外,还通过脉冲计数的方式对锅的有无进行检测。有人会说,检锅电路是由功率调节电路来实现的。其实不完全是,功率调节电路是对锅的大小、厚薄进行检测的,也就是只检测电流的大小,进而对电磁炉的功率实现自动调节。

6. 上电延时保护电路及开关机电路

如图 10-29 所示,它由 Q201、R209、R210、R219、D205、Q200、R214、R208、R211、R212 构成,其作用是插上电源瞬间及关机时能够让 IGBT 管可靠截止。当插上电源时,由 300V 经 R209、R210、D205 向 Q201 注入一个高电平,Q201 导通,驱动对管(双驱动管)B 极电压经 Q201 的 C、E 极短路到地,而使 IGBT 管截止,同时由于 5V 形成后,CPU 输出待机低电平,经 R208 加到 Q200 的 B 极的电压为低电平,Q200 截止,Q201 饱和导通,同样达到使 IGBT 管截止的目的。开机时,CPU 输出开机高电平到 A 点,经 R208 加到 Q200 的 B 极,使 Q200 导通,因 R214 阻值较小,Q201 B 极电压被拉低到导通电平以下,Q201 截止,其任务全部交给检测电路和功率控制电路。若检测到电路正常,IGBT 工作;若不正常,则

CPU 输出关机指令低电平，再次让 Q201 导通达到保护的目的。

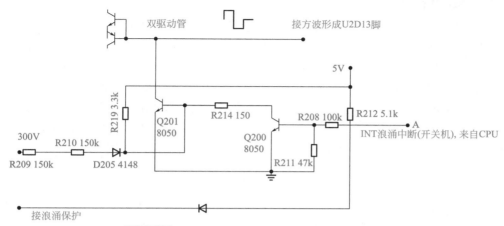

图10-29 上电延时保护电路及开关机电路原理图

注：图中标示的 INT 浪涌中断实际上连接的是 CPU 的开关机端口（即待机控制端子）。

7. 浪涌保护电路

如图 10-30 所示，正常时，300V 经 R203、R204、D204、R206、R218 加到 6 脚的电压比 7 脚电压低，1 脚输出高电平，此时 D206 截止，CPU 输出的开关机信号不受影响，电磁炉正常工作；当电源有浪涌电压冲击时，300V 经 R203、R204、D204、R206、R218 加到 6 脚的电压会上升，当 6 脚电压高于 7 脚基准电压时，1 脚输出低电平，此时 D206 导通，将 CPU 输出的开机高电平钳位，使 R208、R211 分压后加到 Q200 的电压低于导通电压，Q200 截止，Q201 饱和导通，切断 IGBT 管的驱动级输入电压，使 IGBT 管截止。

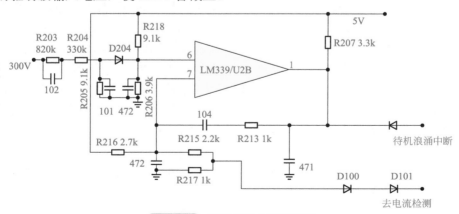

图10-30 浪涌保护电路原理图

8. 反压保护电路

又称反峰压保护电路或反峰高压保护电路，它由 IGBT 管 D 极取样电路及 U2A 的 4、5、2 脚组成。其作用是防止 IGBT 管因反峰压过高（也就是常说的反峰脉冲过高）而击穿。正常时，由同步取样电路送到 4 脚的电压比 5 脚电压低，2 脚输出高电平，此时对 U2D 的 11 脚送来的 PWM 脉冲电压没有影响，电磁炉正常工作；当电流过大或某种原因使反峰压增高时，当 4 脚取得的脉冲电压高于 5 脚电压时，2 脚输出低电平，通过 R411 将 U2D 的 11 脚送来的 PWM 脉冲电压幅度减小，使电磁炉输出功率降低，达到保护 IGBT 管的目的。如图 10-31 所示。

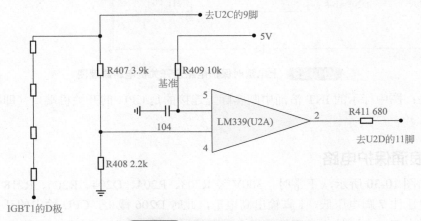

图10-31 反压保护电路原理图

9. 电流检测电路

如图 10-32 所示，它由电流检测取样变压器（俗称比流器）CT1、R100、D100 ～ D103、VR1、R101 等构成。其主要作用是将 IGBT 的工作电流转化为电压信号加到 CPU，通过 CPU 对此电压进行处理后，去控制 PWM 信号的幅度，自动调节 IGBT 管的工作电流。CT1 初级流过的交变电流在次级端感应出一个变电压，此电压经 R100 限幅后送到 D100 ～ D103 进行整流，再经 VR1 调节、R101 分压后加到 CPU 的电流检测端子，CPU 将检测到的电压与设定电压进行对比，去自动控制 PWM 信号的输出大小，达到自动控制 IGBT 管工作电流的目的。有的机型 VR1 是并接在比流器次级，先调幅度后整流得到检测电压的。

注意： 此电路除用于调节电流大小以外，还用于对所放锅的大小、厚薄进行检测。

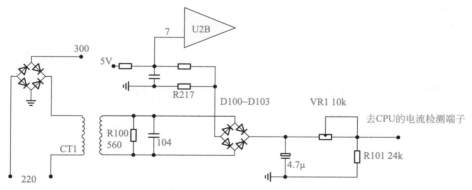

图10-32 电流检测电路原理图

10. 输入电压检测电路

如图 10-33 所示，在实际应用中，R200、R220 前端应各接一只整流二极管至交流 220V 的两个输入端子上，它由这两只二极管、R200、R201、R220、R221、R202、C200 共同组成。其作用是检测市电输入电压的大小，实现市电过压、欠压保护。市电电压经二极管整流后得到的脉动直流电压，经 R200、R201、R220、R221 降压限流后，再经 R202 分压、C200 滤波后得到一个直流取样电压，输入到 CPU 的电压检测 VIN 端子上，此电压与 CPU 内设定的电压进行对比识别，若此电压高于或低于设定电压值时，CPU 认为输入的电压过高或过低，待机端子输出关机指令，迫使 IGBT 管停止工作。

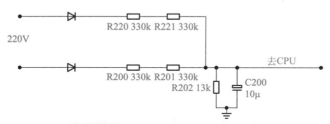

图10-33 输入电压检测电路原理图

11. 炉面、线盘、IGBT 管温度检测电路

它们都是利用负温度系数热敏电阻的特性将工作温度转换成电压信息，加到 CPU 各自的检测端子上，CPU 检测到此电压信息超过设定时，通过 CPU 待机控制端子输出关机指令，IGBT 管停止工作。

12. 散热风扇驱动电路

正常时，CPU 的 FAN 端子输出高电平，经 R506、R509 加到 Q501 的 B 极，

Q501 饱和导通，VCC 的 18V 电压全部加到散热风扇的两端，风扇正常旋转对 IGBT 管进行散热。当 CPU 的 FAN 端子输出低电平时，经 R506、R509 加到 Q501 的 B 极电压消失，Q501 截止，风扇两端的电位相同，没有电压降，风扇停转。

13. 蜂鸣器、系统电路、复位、电源、键盘控制电路

如图 10-34 所示，这些电路均为控制系统直接输出电路，较简单，这里不再赘述。

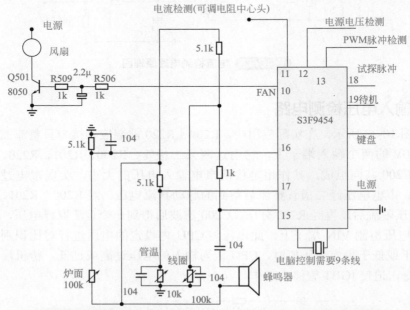

图10-34 蜂鸣器、系统电路、复位、电源、键盘控制电路原理图

14. 主电源电路

如图 10-35 所示，AC220V 50/60Hz 电源经过熔丝 FUSE，通过由 CY1、CY2、C1、共模线圈 L1 组成的滤波电路（针对 EMC 传导问题而设置），再通过电流互感器至桥式整流组件 DB，产生的脉动直流电压通过扼流线圈提供给主回路使用；

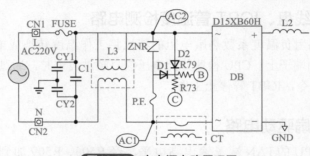

图10-35 主电源电路原理图

AC1、AC2 两端电压除送至辅助电源使用外，另外还通过印于 PCB 板上的过流熔丝线 P、F、送至 D1、D2 整流得到脉动直流电压作检测用途。

15. 辅助电源电路

如图 10-36 所示，AC220V 50/60Hz 电压接入变压器初级线圈，次级两绕组分别产生 13.5V 和 23V 交流电压。

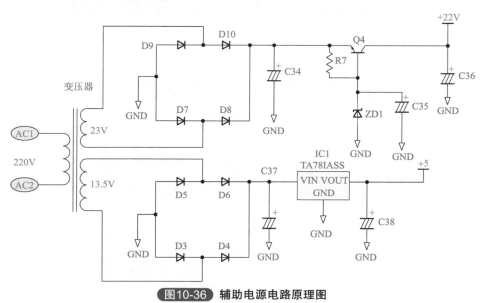

图10-36 辅助电源电路原理图

13.5V 交流电压由 D3 ～ D6 组成的桥式整流电路整流、C37 滤波，在 C37 上获得的直流电压 VCC 除供给散热风扇使用外，还经由 IC1 三端稳压、C38 滤波，产生 +5V 电压供控制电路使用。

23V 交流电压由 D7 ～ D10 组成的桥式整流电路整流、C34 滤波后，再通过由 Q4、R7、ZD1、C35、C36 组成的串联型稳压滤波电路，产生 +22V 电压供 IC2 和 IGBT 激励电路使用。

第八节　人机界面触摸屏、变频器及遥控器检修

一、触摸屏测量与检修

触摸屏、后面板及电路板如图 10-37 所示。常见故障检修如下。

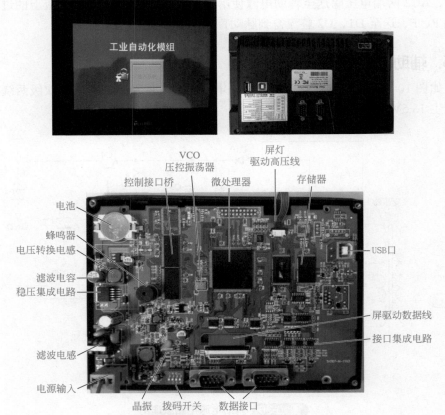

图10-37 触摸屏、后面板及电路板

① 接通电源指示灯亮，屏幕有瞬间的闪亮，但不能正常显示图像。

此时应当先用万用表检查各供电电路是否正常，当用万用表检测各直流供电电路正常以后，用示波器测量 VCO 压控振荡器的波形。如果没有波形，应该更换 VCO 压控振荡器。正常情况下应该有如图 10-38 所示的波形图。

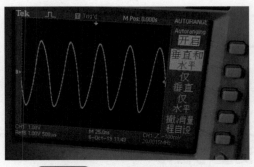

图10-38 VCO压控振荡器波形图

② 通电后无任何反应。

许多触摸一体机触摸屏控制盒采用从一体机电源取电的方式而非从主机取电，所以当不开机检查故障时应先检查一体机电源 5V 输出是否正常，有时因瞬间电流过大，致使熔丝被烧，此时需更换熔丝。熔丝有两种，一种为过度过流保险，另一种为管状保险管，如图 10-39 所示。

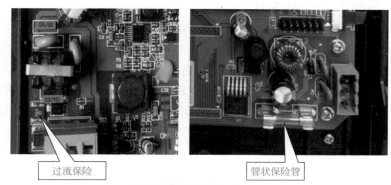

过流保险　　　　　管状保险管

图10-39　两种不同的保险

如果熔丝不断上电无显示，一般是由于开关电源损坏或软充电电路损坏使直流电路无直流电引起启动电阻损坏。此时可按照维修开关电源方法维修电源部分。如果电源部分正常，则可用替换法替换屏幕实验，如仍无反应则为微处理器等元件损毁。

③ 触摸屏点击精度下降，光标很难定位。

这是触摸屏常见的故障，遇到此类故障时可从以下几个方面入手（以台达触摸屏为例）。

a. 运行触摸屏校准程序（开始—设置—控制面板—声波屏—Caliberate 按钮）。

b. 如果是新购进的触摸屏，试着将驱动删掉，然后将主机断电 5s 开机重新装驱动。

c. 如果上面的办法不行，则可能是声波屏在运输过程中的反射条纹受到轻微破坏，无法完全修复，可以反方向（相对于鼠标偏离的方向）等距离偏离校准靶心进行定位。

d. 如果声波屏在使用一段时间后不准，则可能是屏四周的反射条纹或换能器上面被灰尘覆盖，可以打开上盖用一块干的软布蘸工业酒精或玻璃清洗液清洁，再重新运行系统，注意左上、右上、右下的换能器不能损坏。然后断电重新启动并重新校准。

e. 触摸屏表面有水滴或其他软的东西粘在表面，触摸屏误判有手触摸造成声波屏不准。将其清除即可。

④ 触屏花屏。

检修花屏故障时首先检查屏信号驱动线是否有损坏或有接触不良现象，如有则应进行更换，如果正常查屏驱动桥及微处理器电路。检修时可用在路测量法测量元器件，如正常则可通电实验，用手摸所有元件，若有明显发热元件则有损坏可能，采用直接代换法实验。

二、变频器测量与维修

变频器广泛应用于各种电机控制电路，可对电机实现启动、多种方式运行及频率变换调速的控制，是目前工控设备应用比较普遍的控制器。变频器种类很多，但主电路结构大同小异，典型的外形及内部电路如图 10-40 所示。它由整流电路、限流电路（浪涌保护电路）、滤波电路（储能电路）、高压指示电路、制动电路和逆变电路组成。对于变频器，一般小信号电路很少出故障，多为开关电源及主电路出故障。

(a) 外形

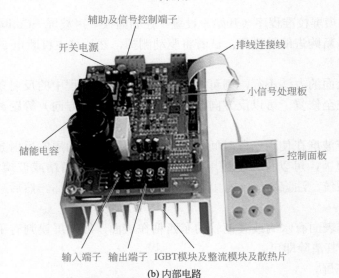

(b) 内部电路

图10-40 变频器的外形与内部电路

1. 变频器主电路的基本结构

变频器的主电路结构如图 10-41 所示，是由交 - 直 - 交工作方式所决定的，由整流、储能（滤波）、逆变等环节构成。从 R、S、T 电源端子输入的三相 380V 交流电压，经三相桥式整流电路整流成 300Hz 脉冲直流，再经大容量储能电容平波和储能，输入到 6 只 IGBT 构成三相逆变电路，在驱动电路的 6 路 PWM 脉冲激励下，6 只 IBGT 按一定规律导通和截止，将直流电源逆变为频率和电压可变的三相交流电压，输出到负载电路。

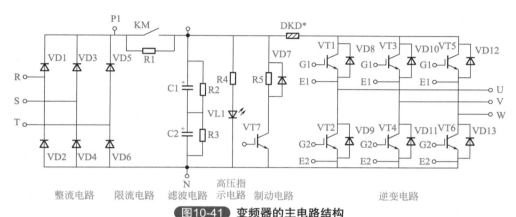

整流电路　限流电路　滤波电路　高压指示电路　制动电路　逆变电路

图10-41 变频器的主电路结构

2. 变频器常见故障及检修

① 整流电路　整流电路中的一个或多个整流二极管开路，会导致主电路直流电压（P、N 间的电压）下降或无电压。

整流电路中的一个或多个整流二极管短路，会导致变频器的输入电源短路，如果变频器输入端接有断路器，断路器会跳闸，变频器无法接通输入电源。

② 充电限流电路　变频器在刚接通电源时，充电接触器触点断开，输入电源通过整流电路、限流电路对滤波电容（或称储能电容）充电，当电容两端电压达到一定值时，充电接触器触点闭合，短接充电限流电路。

限流电路的常见故障如下：

• 充电接触器触点接触不良，全使主电路的输入电流始终流过限流电阻，主电路电压会下降，使变频器出现欠电压故障，限流电阻因长时间通过电流而易烧坏。

• 充电接触器触点短路不能断开，在开机时充电限流电阻不起作用，整流电路易被过大的开机电流烧坏。

• 充电接触器线圈开路或接触器控制电路损坏，触点无法闭合，主电路的输入电流始终流过限流电阻，限流电阻易烧坏。

• 充电器限流电阻开路，主电路无直流电压，高压指示灯不亮，变频器面板无显示。

对于一些采用晶闸管的充电限流电路，晶闸管相当于接触器触点，晶闸管控制电路相当于接触器线圈及控制电路，其故障特点与上前三点一致。

③ 滤波电路　滤波电路的作用是接受整流电路的充电而得到较高的直流电压，再将该电压作为电源供给逆变电路。

滤波电路常见故障如下：

• 滤波电容老化使容量变小或开路，主电路电压会下降，当容量低于标称容量的 85% 时，变频器的电压低于正常值。

• 滤波电容漏电或短路，会使主电路输入电流过大，易损坏接触器触点、限流电阻和整流电路。

• 均压电阻损坏，会使两只电容承受电压不同，承受电压高的电容易先被击穿，然后另一个电容承受全部的电压也被击穿。

④ 制动电路　在变频器减速过程中，制动电路导通，让再生电流回流电动机，增加电动机的制动转矩，同时也释放再生电流对滤波电容过充的电压。

制动电路常见故障如下：

• 制动管或制动电阻开路，制动电路失去对电动机的制动功能，同时滤波电容两端会加过高的电压，易损坏主电路中的元器件。

• 制动电阻或制动管短路，主电路电压下降，同时增加整流电路负担，易损坏整流电路。

⑤ 逆变电路　逆变电路的功能是在驱动脉冲的控制下，将主电路直流电压变换成三相交流电压供给电动机。逆变电路是主电路中故障率最高的电路，逆变电路的输入波形如图 10-42 所示。

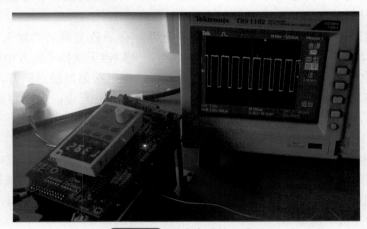

图10-42　逆变电路输入波形

逆变电路常见故障如下：

• 正常逆变电路输入波形为方波信号，如果没有方波输入或者不正常，则需要查输入电路，如正常则需查输出电路。

· 6 个开关器件中的一个或一个以上损坏，会造成输出电压抖动、断相或输出电压现象。

· 同一桥臂的两个开关器件同时短路，则会使主电路的 P、N 之间直接短路，充电接触器触点、整流电路会有过大的电流通过而被烧坏。则需更换烧毁元件。

⑥ 系统控制信号产生电路 当系统控制电路没有控制信号的时候，整个电路将不能正常工作，显示屏无法正常显示。因此在检修系统控制电路的时候，首先用万用表测量其供电电路，如果供电电路电压不正常，则应该检测供电电路的元器件。当供电电路正常后，用示波器测试系统控制电路的信号产生电路。检查 VCO 压控振荡器的振荡电路的振荡信号是否能够正常产生，正常测试波形如图 10-43 所示。如果没有正常的振荡信号，则应更换石英晶体也就是更换晶振。

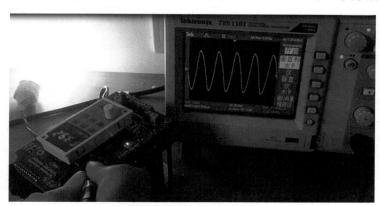

图10-43 正常测试波形

三、 遥控器检修

1. 遥控器基本工作原理

遥控器电路及内部电路板如图 10-44 所示。

遥控器内包含一个以 M50462AP 集成电路为主体的遥控信号发送电路，它主要由三部分组成，即键盘矩阵、M50462AP 集成电路和放大驱动器。它的电源工作电压为 3V，动作时电流为 0.1mA，不动作时电流最大为 1μA，故可采用两节 5 号电池供电。M50462AP 内部包含：键盘编码电路、扫描信号发生器、振荡电路、时钟电路、指令译码电路、PCM 调制电路及输出缓冲电路等。

内部时钟电路的主要功能是将振荡电路与外部的 C1、C2、Z 组成的振荡器产生的 456kHz 信号进行 12 分频后得到 38kHz 的载波信号。$\overline{I1} \sim \overline{I8}$ 键输入线和 $\overline{A} \sim \overline{H}$

键扫描线组成 8×8 键盘矩阵。每当按下一个键时，可产生一个 16 位的 PCM 码。它共有 72 个指令，其中以 1 个指令只需按一个键，也有一个指令需双重按键。键盘输入编码器接收信号后，判断出各键的位置，键盘输入编码器输出的编码信号送至指令信号译码器，其目的是进行码值转换。因为键位扫描得来的编码值受扫描方式等限制，只能用来识别是哪个键按下了，因而不一定能与接收端所配用的微处理器集成电路的码值相一致。为了达到接收能识别的目的，就要领先指令信号译码器重新编码，输出重新编码后的信号。该集成电路还采用客户码转移器，通过它加上其他识别信号以区别不同厂家和不同机型发射的控制信号。指令译码器和用户码转换器输出的信号送到码调制器，它便产生 38kHz 载波脉冲信号，再经输出缓冲器由 23 脚（OUT）输出。

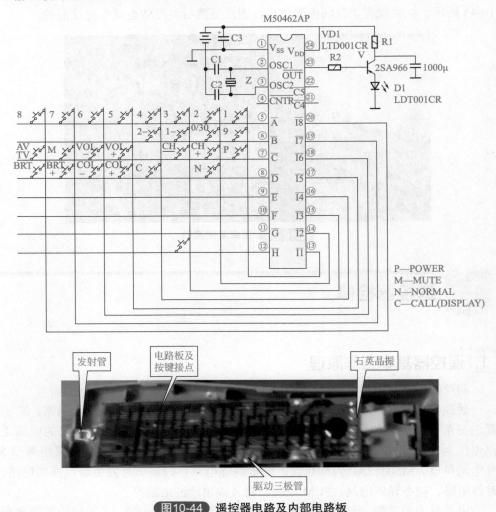

图10-44 遥控器电路及内部电路板

红外线发射电路由红外发射管 D1（LTD001CR）和三极管 V1（2SA966）组成。D1 在电流的驱动下发出长约 940nm 的红外光线。三极管 V1 为红外线发射管 D1 的驱动管，该三极管工作在开关状态。当无信号输出时，输出端 OUT 为高电平，使 V1 截止，发射管不工作。23 脚有信号时，V1 导通，红外线发射管工作，将指令码以红外线的形式发射出去完成遥控功能。

2. 常见故障检修

遥控器经常出现的故障就是没有红外线输出。在检修时，首先用万用表测量一下它的供电是否正常，然后检测所有的线路板线路是否有短路、断路的现象。如果上述电路均正常，可以用示波器检测一下晶振两端的波形，晶振两端正常的波形如图 10-45 所示，如果没有正常的波形，则说明晶振损坏，应用同型号晶振的更换。

如果检测有波形，但仍然不能够遥控，应检测发射管和激励管的波形，无论是发射管还是激励管，不工作的时候均没有断续的波形产生。在按压遥控器的按键时，电路当中才有断续的脉冲，如图 10-46 所示的断续波形。如果控制管（就是功率放大管和发射管）的两端均有图 10-46 所示的断续的波形，但仍不能遥控，则应更换红外线发射管。

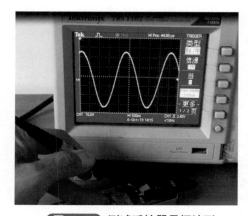

图10-45　测试遥控器晶振波形

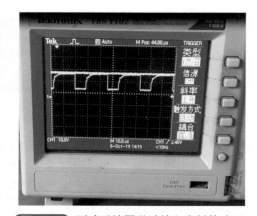

图10-46　测试遥控器激励管和发射管波形

附录一
示波器常见故障处理

故障现象	故障部位及处理方法
常没有光点或波形	电源未接通。 辉度旋钮未调节好。 X、Y 轴移位旋钮位置调偏。 Y 轴平衡电位器调整不当，造成直流放大电路严重失衡。
水平方向展不开	触发源选择开关置于外挡，且无外触发信号输入，则无锯齿波产生。 电平旋钮调节不当。 稳定度电位器没有调整在使扫描电路处于待触发的临界状态。 X 轴选择误置于 X 外接位置，且外接插座上又无信号输入。 输入端的高、低电平端与被测电路的高、低电平端接反。 输入信号较小，而 VOLTS/DIV 误置于低灵敏度挡
折叠波形不稳定	稳定度电位器顺时针旋转过度，致使扫描电路处于自励扫描状态（未处于待触发的临界状态）。 触发耦合方式 AC、AC（H）、DC 开关未能按照不同触发信号频率正确选择相应挡级。 选择高频触发状态时，触发源选择开关误置于外挡（置于内挡）。 部分示波器扫描处于自动挡（连续扫描）时，波形不稳定
垂直线条密集或呈现一矩形	TIME/DIV 开关选择不当，致使 $f_{扫描} \ll f_{信号}$。 水平线条密集或呈一条倾斜线。 TIME/DIV 开关选择不当，致使 $f_{扫描} \gg f_{信号}$
垂直方向的电压读数不准	未进行垂直方向的偏转灵敏度（VOLTS/DIV）校准。 进行 VOLTS/DIV 校准时，VOLTS/DIV 微调旋钮未置于校正位置（即顺时针方向未旋足）。 进行测试时，VOLTS/DIV 微调旋钮调离了校正位置（即调离了顺时针方向旋足的位置）。 使用 10：1 衰减探头，计算电压时未乘以 10。 被测信号频率超过示波器的最高使用频率，示波器读数比实际值偏小。 测得的是峰－峰值，正弦有效值需换算求得

续表

故障现象	故障部位及处理方法
水平方向的读数不准	未进行水平方向的偏转灵敏度（TIME/DIV）校准。 进行 TIME/DIV 校准时，TIME/DIV 微调旋钮未置于校准位置（即顺时针方向未旋足）。 进行测试时，TIME/DIV 微调旋钮调离了校正位置（即调离了顺时针方向旋足的位置）。 扫速扩展开关置于拉（10×）位置时，测试未按 TIME/DIV 开关指示值提高灵敏度 10 倍计算
交直流叠加信号的直流电压值分辨不清	Y 轴输入耦合选择 "DC- 接地 -AC" 开关误置于 AC 挡（应置于 DC 挡）。 测试前未将 "DC- 接地 -AC" 开关置于接地挡进行直流电平参考点校正。 Y 轴平衡电位器未调整好
测不出两个信号间的相位差（波形显示法）	双踪示波器误把内触发（拉 YB）开关置于按（常态）位置，应把该开关置于拉 YB 位置。 双踪示波器没有正确选择显示方式开关的交替挡和断续挡。 单线示波器触发选择开关误置于内挡。 单线示波器触发选择开关虽置于外挡，但两次外触发未采用同一信号
调幅波形失常	TIME/DIV 开关选择不当，扫描频率误按调幅波载波频率选择（应按音频调幅信号频率选择）。 折叠波形调不到要求的起始时间和部位。 稳定度电位器未调整在待触发的临界触发点上。 触发极性（+，−）与触发电平（+，−）配合不当。 触发方式开关误置于自动挡（应置于常态挡）
触发或同步扫描	缓缓调节触发电平（或同步）旋钮，屏幕上显现稳定的波形，根据观察需要，适当调节电平旋钮，以显示相应起始位置的波形。 如果用双踪示波器观察波形，作单踪显示时，显示方式开关置于 YA 或 YB。被测信号通过 YA 或 YB 输入端输入示波器。Y 轴的触发源选择 "内触发 - 拉 YB" 开关置于按（常态）位置。若示波器作双踪显示时，显示方式开关置于交替挡（适用于观察频率不太低的信号）或断续挡（适用于观察频率不太高的信号），此时 Y 轴的触发源选择 "内触发 - 拉 YB" 开关置 "拉 YB" 挡
使用不当造成的异常现象	示波器在使用过程中，往往由于操作者对于示波原理不甚了解和对示波器面板控制装置的作用不熟悉，出现调节不当而造成异常现象
折叠垂直方向无展示	输入耦合方式 "DC- 接地 -AC" 开关误置于接地位置

附录二
使用示波器的常见问题

　　示波器一直是工程师设计、调试产品的好帮手。随着计算机、半导体和通信技术的发展，电路系统的信号时钟速度越来越快，信号上升时间也越来越短，导致因底层模拟信号完整性问题引发的数字错误日益突出。针对这些新的测试挑战，示波器供应商不断推出了性能更好的数字示波器。但要想准确快速地对系统信号进行分析，测量时还有很多新的因素必须考虑。如仪器速度能否跟上被测信号的变化、带宽是否足够、测量方法会不会引入干扰，甚至还有所使用的探头是否合适等。

　　问题 1：每台示波器都有一个频率范围，比如 10MHz、60MHz、100MHz。我手头用的示波器标称为 60MHz，是不是可以理解为它最大可以测到 60MHz？可我用它测 4.1943MHz 的方波时都测不到，这是什么原因呢？

　　答：60MHz 带宽示波器，并不意味着可以很好地测量 60MHz 的信号。根据示波器带宽的定义，若输入峰 - 峰值为 1V、60MHz 的正弦波到 60MHz 带宽示波器上，在示波器上将看到 0.707V 的信号（30% 幅值测量误差）。如果测试方波，选择示波器的参考标准应是信号上升时间，示波器带宽 =0.35/ 信号上升时间 ×3，此时的上升时间测量误差为 5.4% 左右。

　　示波器的探头带宽也很重要，若使用的示波器探头包括其前端附件构成的系统带宽很低，将会使示波器带宽大大下降。如若使用 20MHz 带宽的探头，则能实现的最大带宽是 20MHz。如果在探头前端使用连接导线，将会进一步降低探头性能，但对 4MHz 左右方波不应有太大影响，因为速度不是很快。

　　另外，还要看一下示波器使用手册，有的 60MHz 示波器在 1：1 设置下，其实际带宽将锐减到 6MHz 以下，对于 4MHz 左右的方波，其三次谐波是 12MHz，五次谐波是 20MHz；若带宽降到 6MHz，对信号幅值衰减很大，即使能看到信号，也绝对不是方波，而是幅值被衰减了的正弦波。当然，测不出信号的原因可能有多种，如探头接触不好（该现象很容易排除），建议用 BNC 电缆连接一函数发生器，检验该示波器本身有没有问题，探头有没有问题，如有问题，可和厂家直接联系。

问题 2：有些瞬时信号稍纵即逝，如何捕捉并使其重现？

答：将示波器设置成单次采集方式（触发模式设置成"Normal"，触发条件设置成边沿触发，并将触发电平调到适当值，然后将扫描方式设置成单次方式），注意示波器的存储深度将决定能采集信号的时间以及能用到的最大采样速率。

问题 3：在 PLL 中周期抖动可以衡量一个设计的好坏，但是要精确测量却非常困难，有什么方法和技巧吗？

答：在使用示波器时，要注意其本身的抖动相关指标是否满足测试需求，如示波器本身的触发抖动指标等。同时要注意在使用不同的探头和探头连接附件时，若不能保证示波器的系统带宽，测量结果也会不准确。另外，关于 PLL 设置时间的测量，可使用"示波器 +USB-GPIB 适配器 + 软件选件"来完成，也可用较为便宜的调制域分析仪。

问题 4：为什么我的示波器有时候抓不到经过放大后的电流信号呢？

答：如果信号的确存在，但示波器有时能抓到有时抓不到，这就可能和示波器的设置有关系。通常可将示波器触发模式设置成"Normal"，触发条件设置成边沿触发，并将触发电平调到适当值，然后将扫描方式设置成单次方式。如果这种方式还不行，那就可能是仪器出了问题。

问题 5：如何测量电源纹波？

答：可以先用示波器将整个波形捕获，然后将关心的纹波部分放大来观察和测量（自动测量或光标测量均可），同时还要利用示波器的 FFT 功能从频域进行分析。

问题 6：新型数字示波器怎样用于单片机开发？

答：I^2C 总线信号一般工作速率不超过 400Kbps，最近也出现了几 Mbps 的芯片。有的示波器在设置触发条件时，无需顾及不同速率的影响，但对其他总线，如 CAN 总线，则需要先在示波器上设置 CAN 总线当前的实际工作速率以便示波器能正确理解协议，并正确触发。若想对 Inter-IC 总线信号进行进一步的分析，如协议级分析，可使用逻辑分析仪，但相对来说价格比较高。

问题 7：关于模拟和数字示波器比较的问题：①模拟和数字示波器在观察波形的细部时，哪个更有优势（例如在过零点和峰值时，观察 1% 以下寄生波形）？②数字示波器一般提供在线显示均方根值，它的精度一般是多少？

答：① 观察 1% 以下寄生波形，无论是模拟示波器还是数字示波器，观察精度都不是很好。模拟示波器的垂直精度未必比数字示波器更高，如某 500MHz 带宽的模拟示波器垂直精度是 ±3%，这并不比数字示波器（通常精度为 1% ～ 2%）更具优势，而且对于细节，数字示波器的自动测量功能比模拟示波器的人工测量更精确。

② 对于示波器的幅值测量精度，很多人用 A/D 位数来衡量。实际上，随着示波器带宽、实际采样率的设置，它会有所变化。若带宽不够，本身带来的幅值测量误差就很大；若带宽够了，采样设置很高，实际的幅值测量精度也不如采样率低时的精度（可参考示波器的用户手册，它可能会给出不同采样率下示波器的 A/D 实际有效位数）。总的来讲，示波器测量幅值，包括均方根值的精度往往不如万用表，同理，测量频率它不如频率计数器。

问题 8：毛刺 / 脉宽触发指标有什么意义（例如 5ns）？假如有一个 100MHz 示波器，测量的方波信号大约是 10MHz，而且是占空比 1∶1 左右的方波，设想一下，一个 10MHz 的方波，它的正向或负向的脉宽都是 50ns，那么在什么样的情况下能真正用到 5ns 这个性能呢？

答：毛刺 / 脉宽触发一般有两种典型应用场合：一个是同步电路行为，如利用它来同步串行信号，或对于干扰非常严重的应用无法用边沿触发正确同步信号时，脉宽触发就是一个选择；另一个是用来发现信号中的异常现象，如因干扰或竞争引起的窄毛刺，由于该异常是偶发显现，必须用毛刺触发来捕获（也有一种方法是峰值检测方式，但峰值检测有可能受其最大采样率的限制，所以一般是只能看而不能测）。在问题所提的例子中，若被测对象的脉冲宽度是 50ns，而且该信号没有任何问题，也就是说没有因干扰、竞争等问题引起的信号畸变或变窄，那么用边沿触发就可同步该信号，无需使用毛刺触发。根据不同的应用，未必会使用到 5ns 这个指标，一般用户将脉宽触发设置为 10 ～ 30ns。

问题 9：在选择示波器时，一般考虑最多的是带宽，那么在什么情况下要对采样率有所考虑呢？

答：取决于被测对象。在带宽满足的前提下，希望最小采样间隔（采样率的倒数）能够捕捉到需要的信号细节。业界有些关于采样率的经验公式，但基本上都是针对示波器带宽得出的，实际应用中，最好不用示波器测相同频率的信号。在选型时对正弦波选择示波器带宽应是被测正弦信号频率的 3 倍以上，采样率是带宽的 4 ～ 5 倍，也即实际上是信号的 12 ～ 15 倍；若是其他波形，要保证采样率足以捕获信号细节。可通过以下方法验证采样率是否够用：将波形停下来，放大波形，若发现波形有变化（如某些幅值）就说明采样率不够，否则无碍。另外，也可用点显示来分析采样率是否够用。

问题 10：如何理解"将波形停下来，放大波形，若发现波形有变化（如某些幅值）就说明采样率就不够，否则无碍。另外，也可用点显示来分析采样率是否够用。"

答：我有幸给用户做过实测，曾亲历这种现象。当时被测对象是一种看上去很随机且高速变化的信号，用户将触发电平设在 –13V 左右。波形采集下来后想放大测量细节时，却发现改变示波器时基（TIME/DIV）设置时，信号幅值突然变小，我当时将示波器改成点显示，发现好像是点数（存储深度）不够，但我比较点显示和矢量显示后，发现若矢量显示有一定可信度，那么就是当前的两个采样间隔（采样率的倒数）中信号有突变，但未能被采集到（采样间隔不够细，即采样率不够高）。我换了一台同样存储深度但采样率较高的示波器，发现问题消失了。

存储深度也会影响示波器能用到的实际最大采样率。存储深度太浅可能是个问题，因为存储深度可能限制能实际用到的最大采样率，但实质上是采样率不够，丢失了信号细节。存储深度不够深，可能会导致实际采样率不高，这一点跟厂家提供的指标关系不大。